致力于中国人的心灵成长与文化重建

立 品 图 书 · 自觉 · 觉他
www.tobebooks.net
出 品

[荷] 罗伊·马丁纳 著 缪静芬 译

Deep Soul Diving
身心灵全面疗愈

学会情绪平衡的方法2

深圳报业集团出版社
SHENZHEN PRESS GROUP PUBLISHING HOUSE

责任编辑：陈　曦
装帧设计：大诚艺术设计机构

图书在版编目（CIP）数据

身心灵全面疗愈：学会情绪平衡的方法 .2/（荷）马丁纳著；缪静芬译 .
—深圳：深圳报业集团出版社，2012.1
ISBN 978-7-80709-428-9

Ⅰ．①身… Ⅱ．①马… ②缪… Ⅲ．①情绪—自我控制—通俗读物
Ⅳ．① B842.6-49

中国版本图书馆 CIP 数据核字（2011）第 263536 号

Deep Soul Diving
Copyright© Bio Research Group N.V. (BRG)
Simplified Chinese-language edition copyright ©2012 By Beijing Lipin Publishing Company
ALL RIGHT RESERVED
本作品译文由台湾方智出版社授权北京立品图书有限公司独家使用

身心灵全面疗愈
——学会情绪平衡的方法 2

（荷）罗伊·马丁纳　著
缪静芬　译

深圳报业集团出版社出版发行
（518009　深圳市深南大道 6008 号）
三河市华晨印务有限公司印制　新华书店经销
2012 年 1 月第 1 版　2012 年 1 月第 1 次印刷
开本：787mm×1092mm　1/16　印张：21.5
字数：140 千字　印数：8000
ISBN 978-7-80709-428-9　定价：36.00 元

深报版图书版权所有，侵权必究。
深报版图书凡是有印装质量问题，请随时向承印厂调换。

一趟从灵魂出发的深度疗愈之旅，
打开身心灵平衡之门的常用钥匙！

目 录

短篇导读 // 意念是创造生命和世界的力量 5

前言 // 大奥秘 11

长篇导读 // 找到改变生命的洞见 17

第一部 灵魂之旅～～～～

所有敏感的灵魂都有思乡之苦。

第一章　回家的旅程：过渡期 3

　　　　人世间是学习和接受考验最理想的地方，目的是要看我们是否掌握了自己在人世间的主题。

第二章　准备下一次转世：设定今生的挑战 26

　　　　每个挑战都是一次邀请，让你更接近自己内在的光辉。

第三章　试水期：灵魂邂逅身体 44

　　　　第一次与宿主相遇，是转世中最有意思的时刻之一；更常见的感觉，是好像处于彼此调适阶段的新室友。

第四章　淋个冷水浴：欢迎来到三度空间世界 62

> 爱因斯坦说："我们能够期望拥有的最美好经验就是体验神秘，你运用在光明中取得的知识度过黑暗。所有神秘的经验都与'现实'冲突，那就是神秘了不起的特质。"

第五章　迷失在"现实"的幻相中：迷宫 77

> 我们的情绪实相是我们诠释人生事件的方式。另一方面，这个诠释仰赖的是心智的制约，以及我们为特定经验滤除或新增的东西。我们看待这世界的方式，受到灵魂、小我和心智制约的影响。

第二部　寻找你自己～～～
这世界因为她的不完美而显得完美。

第六章　在黑暗中寻找光亮：转化 99

> 经过了转折点，接下来该是掏空背包的时候了。我们必须找到可以轻松旅行的方法，这不容易。我们需要工具来帮助我们打开背包，一件件抛掉，然后疗愈、整合伤痛，直到伤痛变成中性，不再影响我们的日常生活。

第七章　重设心智程序：做你自己的舰长 120

> 重设心智程式是一种转变的过程，是要将你在人生历程中被写入的旧程式，替换成可以支持并加强你通往灵性的新程式。而一旦你采用了本章所谈到的技术，就可以将整个过程加快十倍，并且让你变成自己人生的舰长。

第八章　疗愈你的灵魂：从脆弱到拥有内在力量 149

> 疗愈你的灵魂是一件极为矛盾的事。除非你愿意流露自己的脆弱，针对伤口治疗，才有疗愈的希望；而一旦恢复健康，你就不再脆弱。你

会变得真实、可靠，完全成为你、完全自由，不再是他人意见的囚徒。

第九章　身体是无形力量的游戏场：决定能量健康的因素 179

接下来，我们要看看身体的能量面。在这一章里，我们把重点摆在经络。利用情绪平衡法，我们会同时影响经络、脉轮和灵魂。

第三部　内在的旅程~~~~~
你的内在是一切的源头！

第十章　无形的支持部队：请求，你就会得到 245

你的最终目标是要训练心智，让自己能够花几个小时倘佯于内在世界，然后你会更容易听到无形团队的声音，也更容易与他们沟通。

第十一章　承担你该承担的主题：太迟了，你逃不掉的 265

如果你愿意面对，你的人生会有极大的改变，你会在灵性成长上往前大步跃进。
而要找出你的人生主题，透过脉轮运作是最佳方法。

第十二章　当下，一切完美：臣服 299

穿过那些情绪，你会找到自己，然后在那里找到无条件的爱、慈悲、寂静和喜悦。在那个当下，时间是静止的，然后你进入那股流动里……

尾　声　接下来呢? 303

你来到人世间是为了增加爱人的能力，至于如何做到这点，跟任何人都没有真正的关系。

[短篇导读]
意念是创造生命和世界的力量

本书是我的国际畅销书《改变,从心开始——学会情绪平衡的方法》的续集。该书被译成西班牙文、意大利文、俄文、罗马尼亚文、中文、德文,接着还会有更多语言版本。那是我十年前的作品,而这十年来,那本书改变了许多人的生命,来自全球各地数以千计的信函、电子邮件和读者反应足以证明这点。过去这十年我也同样改变了。我多年前播下的种子已经发展成一种新颖而成熟的概念,引起另类医学领域的变革,我将之命名为"奥美嘉健康辅导"(Omega Health Coaching)。我相信这在医学上是第一个完整的概念,可以厘清所有已知和未知的疗法。在本书中,我将讨论"奥美嘉健康辅导"的基本原理。

这个概念的关键准则之一是:采取行动(例如冥想、睡觉、打电话、运动)之前,先以清楚而明确的字词表达你的意念。你的意念是一支不受时空限制的回旋镖,你将这支回旋镖射进"零点能量场"(Zero Point Field),迟早它会回到你身上,还常常以你意想不到的状态和形式出现。意念是创造生命和世界的力量,你没有觉察到自己的意念,并不表示没有意念在运作。你的潜意识是由照顾你的人、教育你的人、文化、环境、媒体和其他许多因素塑造而成的，这样的潜意识有它自己的意念。如果你臣服于自己的潜意识，那么你将耗费许多时间应付生命中不需要的元素，而环境烙印在你潜意识中的诸多"抑制"会变强，你将会体验到世界上许多阴暗面与黑暗势力，而不是活在光明中。

记者兼科学作家琳恩·麦塔嘉（Lynne McTaggart）在她的著作《疗愈场》（*The Field*）中概述了最新的科学发展，显示宇宙中存在着一个全能的量子能量场，这个能量场让人类、大自然与其他向度相互连结，我稍后会更深入探讨这点。狄巴克·乔布拉（Deepak Chopra）把这叫做"无限可能的量子汤"（the quantum soup of infinite possibilities），这个所谓的"汤"似乎厘清了好几个过去一直困惑许多科学家的知名与不知名现象。

从诸多奇迹、重力、心电感应、天耳通和通灵（另外一个世界的存在体与人世间的沟通管道），到鸽子如何找到回家的路，这些现象都可以在量子场中找到根源。

你将会发现，你已经在过去基于当时知道或不知道的一切创造了你的未来。问题是：你想要的未来是建构在错误的想法上，还是基于当下有意识的决定？我重新表达我的问题好了：你想要创造一个建构在恐惧、冲突、虚伪的自我形象和情绪上的未来，还是一个以下列特质为基础的未来：你的潜能、支持你的信仰、平静，了解你的内在拥有你所需要的一切，也了解你拥有神圣的本质？容我这样说：你希望依照双鱼世代的信条（努力工作、苦修、认为自己生为罪人、你必须受苦才能上天堂）过日子，还是依照宝瓶世代的信条（行若无事、天空才是边界、你拥有神圣本质且原本就很完美、你是自己人生的创造者）生活？

选择权在你手上。读完本书后，我相信你会选择行若无事、发挥你的潜能并实践你来到人世间的理由。因此，我会在本书第一部里的每个章节开头跟你一起设定一个意念。这将会一再提醒你：你是创造自己人生的力量。书中的每一章都会给你改变生命的新洞见，而结尾都有"作业"，如果你想成为掌握"意念力量"的大师，只须把答案填完。

你的意念设定了你的人生历程，并决定你的人生质量。在你阅读的过程中，你将会体验到逐渐增强的同步性。乔布拉谈到"同步命运"（synchrodestiny），我则称之为"同步学"（synchronology），是宇宙协调万物的学问。换言之，就是确定巧合是根据对你有利的条件来运作。为了说明"同步学"的意义，我要告诉你一个关于我是如何遇到我的流行音乐偶像的故事。

当时我19岁，在荷兰完成了医学系第一年的课程。大学第一年我回过家，在热带岛屿阿鲁巴过了个寒假。但是第二年，我没有钱回去，必须留在荷兰，因此得了严重的思乡病，陷入深度忧郁中。我丧失了活下去的意志，徘徊在自杀边缘，在床上躺了两个多礼拜，沉浸在自怜中。然后，一位朋友来访。为了缓和我房内一片死寂的紧绷状态，他打开了收音机。就在那一瞬间，收音机里传出一首歌，拨云见日般地撼动了我。那音乐触动我的灵魂，并扫除了包围着我的阴霾，我的忧郁似乎就这样消失了。我醒了过来，坐起身问道："这首曲子是谁演奏的？"

因为我瞬间"起死回生"，我朋友还一脸错愕地看着我，说他不认识这位音乐家。于是我们骑上脚踏车，穿过冷冽的冬风，到最近的唱片行去。经过一番搜寻，我们找到了那首歌：卡洛斯·山塔那（Carlos Santana）的《热情森巴》（*Samba Pa Ti*），并把收录那首歌的唱片买回家。我欣喜若狂，一直播放，直到那张唱片坏掉。

然后一个礼拜之内，我重新回到课堂上课；四个礼拜后，我再度播放山塔那的《热情森巴》，心中充满感恩，感谢这首歌的作曲家山塔那。怀着这份感激之情，我渴望（也就是我将意念释放到什么事都可能发生的量子汤中）有机会感谢山塔那让我奇迹似地复原。我可以看见整件事：我会和山塔那共进晚餐，然后亲自感谢他的音乐带给我的影响。当时我念了一段祈祷文："如果有上帝，如果他在聆听我的祷告，我请求他完成我的心愿！"接着我打开收音机，结果《热情森巴》正播放到尾声。我笑了起来，并对自己说："太可笑了！我遇见山塔那的机会是百万分之一，我必须忘掉这档事。除非发生奇迹，否则想都别想。"那件事就此告一段落。我把它忘了，没再多想。这一切发生在1972年。

时间跳到2002年。我认识了一位脊椎治疗师，原本准备跟她一起出席在美国举办的一个研习营，可惜她因为离婚问题缠身而取消行程。我表示愿意帮她度过这个困境，她接受了。几个月后，她完全恢复正常，并对我帮助她的方法印象深刻，便请我去辅导她的朋友德博拉，当时德博拉正在写她的第一本书，却饱受写作瓶颈之苦。我跟她说我太忙了，无法从佛罗里达飞到旧金山，但是她很坚持，并告诉我德博拉是她最要好的朋友，她跟她说了很多我的事，要我一定要去之类的。但这个时候我还是拒绝。

接着，她出人意料地说了一句："她是卡洛斯·山塔那的妻子。"我站着那儿，震惊得不敢相信自己的耳朵，所有的借口和抗拒瞬间消失无踪。不久，我发现自己坐在山塔那家里，正在跟他的妻子和一名友人聊天。隔天，在外巡回演出的山塔那回到家，便带我们外出共进晚餐。我利用这个机会，衷心地感谢他写了《热情森巴》。三十年后，回旋镖折了回来，我的愿望也实现了。

在这三十年中，我学到许多意念的力量。我会举许多例子，告诉你如何在日常生活中实现这股力量，以及如何确定回旋镖会回到你身上，而不是消失在由可能性构成的量子汤中。第一步是掷出回旋镖：你读这本书的意念为何？在你继续读下去之前，我想先做一些说明。

我写这本书的意念是提供适当的工具，让读者能够开始创造一个未来，在其中，灵魂将日渐痊愈（后续会谈到我对"灵魂"的定义），让你打开心胸，迎接你真正的人生意念，也让你超越所有虚伪的自我形象和限制，开始过着充满快乐、健康、活力、恩典与喜悦的生活。

而你所要做的是：用你自己的话来表达你的意念，沉默片刻，然后将你的愿望送入无限可能的量子汤中，并运用你与生俱来的创造力为它祝福。

这要如何奏效呢？现在，你已经表达了你的意念，例如："以前透过经验，我为自己套上了许多限制，所以我读这本书的意念是要超越所有加于我真正力量上的限制，创造一个快乐、富足、欢愉而健康的人生，现在如此，以后也永远如此。"把这个意念写在纸上，折好并闭上眼睛，然后观想你超越自己的肉体，进入一条带领你回到转世前那一刻的隧道。你见到你将这张纸交给另外一个自己，并说道："这是我现在的意念。如果你同意，我们可以合作让这个意念实现；如果你不同意，请给我一个清楚的讯号，这样我们才能针对细节下工夫。"

接着，你回到此时此地，把那张纸烧掉，并想象那个转变和净化。然后便放手，因为你的工作完成了，接下来是你的无形贵人要接手这份工作。在没有完成这份"神圣"的作业前，请不要继续阅读本书。

但愿你有一趟愉快的旅程。在这段短暂的时间里，你能信赖我，把我当成你的朋友，让我觉得很荣幸。

罗伊·马丁纳
写于荷属安地列斯群岛的古拉索

「前言」

大奥秘

我想透露一则大部分人都不知道的秘密,我称之为"大奥秘"。它是所谓"阴谋论"(Conspiracy Theory)的反面,后者认为有一股神秘的黑暗力量,透过一小群人控制世界经济,进而掌控世界。不管这是不是真相,都跟我的人生无关。我希望讨论一个会深深冲击你人生的议题,而且最重要的是,你必须明白这个议题。

这篇前言是想唤醒你,让你觉察到这个事实:你必须在自己的内在找到答案。

一旦你完全掌握这个"大奥秘",你的人生会因此转化。宇宙真理的核心影响着你人生的每一个面向,不仅影响你心灵上的幸福,还影响你生理上的健康。

所谓的专家,也就是那些知道的比较多、写过好几本书、办过许多演讲和研习营的人,其实都受到恐惧与不安的驱使,需要得到持续的关注、接纳、确认和爱,但他们将这份恐惧隐藏在"无所不知"的自负或可疑的"灵性谦卑"底下。这些人是"权威人士",掌握着极大的权力,凌驾芸芸众生之上。他们害怕被揭发,而且——信不信由你——他们全受着恐惧的折磨。我在会议、研习营和演讲的场合遇过许多这样的人，让我大开眼界。这些所谓的专家都是些什么人呢？内科医生、教授、科学家、传教士、外科医生、心脏病学家、灵修导师、训练师、作家、精神病学家、富豪、经理人、大企业的执行长、银行董事和牧师。我怎么知道这个的？因为过去三十年间，我当过医生、作家、会议演讲人、公司训练师，也辅导过许多国内外名流、世界冠军、演员、歌手、电视主播和公司总经理，见到和经历到的就足够我写满至少五本书。这就好像我们必须应付一场全球性的流行病：警察、医学专家、核物理学家和哲学家，全都遭受同样的需求和无能之苦，只是程度不同罢了！事实上根本没有专家，尤其在灵性、医学和另类医学的领域。声音最大的专家忍受着最最深层的恐惧，每天晚上，他们都带着被揭发的忧虑入眠。

　　我讲个最近的例子。我受邀演讲，听众是77位医生及心理学家，全都专精于"抗老化医学"，而我演讲的主题是加速老化过程的情绪毒素。我是午餐后的第一位演讲人，原本以为底下的抗老化专家看起来应该都是神采奕奕、身体健康，但我甚至还没有开始演讲，半数的听众就已经睡着了。此外，百分之七十五的听众看起来挺糟的，眼袋颇严重，还有许多人有肥胖或严重超重的问题（我们这时代最大的杀手），过半数的人则看起来筋疲力竭。我必须当场改变我的演讲，好让他们醒过来。而对于情绪、冲突、创伤、潜意识的死亡计划和长寿的秘诀等所造成的影响，他们几乎一无所知，这些人应该是预防医学方面的专家才对啊!

我还有更多跟医生有关的故事,他们专精于自己的领域,对造成疾病的原因却根本不了解,一遇到病毒感染就先开抗生素再说。同样的事情也发生在我们的"灵性专家"身上,这些人鬼扯一通,却无法提出证明支持他们的论点。

我经常受邀在跟灵性有关的会议中演讲。那些会议充斥着半真半假的论点,状况严重到常常让我心跳停止。如果你想碰见一群无所不知的自大狂,请去找这些假先知。他们知道在2012年地球的磁轴会反转,我们将进入一个新的冰河期,或者世界会被水淹没——这个题材甚至被拍成电影《明天过后》(*The Day After*)。在灵性博览会上,我见过看起来既不健康又没洗澡的人,如果你在街上遇到这些人,你会当他们是游民。

这些人烟一根接着一根点,同时摆出专家的样子,预测未来,玩塔罗牌,研究易经,解读牌理和神秘记号,使用水晶球。许多这些专家穿着紫色、粉红色、蓝绿色和紫罗兰色的衣服,让人联想到20世纪60年代;也有人穿印度纱丽服和头巾,还有些人则穿着白色衣物——代表纯洁的颜色。这些都没有任何意义,因为灵性与你的穿着无关。你会从本书中得知:许多人重现了前世,却不了解为什么他们偏爱某种食物和衣着、为什么某些语言让他们觉得自在。

简言之,"大奥秘"就是这个。大部分的人都活在恐惧中,对爱有着无法控制的需求。而体验过最大平静的人,是那些深信并了解自己内在神圣本质的人。是时候了，我们该学习如何聆听这个本质（也就是我们的直觉）的声音，因为它总是会导引我们走到我们的天命。内在的智慧源自于我们出生之前，它是我们还不了解任何事物之前就先了解的东西。一旦我们与这份智慧失去连结，我们就迷失了，且产生一种分离的感觉。"大奥秘"的美在于你无法逃避它，总有一天，我们会对宇宙及自己完全开放。

今天早上，我的伴侣玛雅娜跟我正在跑步，突然间，一条蛇横穿过我们跑步的路。我沿着这条路跑步已经好几年了，从来没见过蛇。很巧的是，当时玛雅娜正在看一本泰德·安德鲁斯（Ted Andrews）写的书，叫做《聆听动物的声音》(*Listening to Animals*)。她查询书中有关蛇的部分："重生、复活、创始与智慧。对北美的原住民而言，蛇象征转化和疗愈。在秘鲁，蛇代表放下过去。此外，蛇象征性感、富创造力的昆达利尼（Kundalini）女神，也象征转变，你可以期待在一个创造力和智能的新层次上获得重生。"

当时玛雅娜面对的正是这个主题。她在找寻一种方式，将她在瑜伽、冥想、直觉开发、歌唱、太极、气功、有氧舞蹈、观想、咒语和肯定句方面的经验融入一种她称为"真气"的新方法。那条蛇提供了她所需要的迹象，让她继续努力下去。

宇宙不断跟我们说话，并协调回旋镖回转的时机，对这种现象的研究称为"同步性"（synchronicity）。我们存在这个世界的意义，就是要打开胸襟付出爱，并接受爱。这么做的最大障碍之一是教育。医生经常出现的问题是：他们的医学训练让他们远离直觉，远离他们本身的疗愈力量与病人的疗愈力量之间的连结。让我告诉你一个大秘密：我们每个人都拥有自己的智能、自己的知识，懂得判断什么适合我们。我们不需要专家。

我写这本书的意念是要带领你找到自己的智慧。我不是告诉你如何过生活的专家，我所能做的就是让你思考，拿一面镜子照着你的脸，让你从昏睡中苏醒过来，唤醒你，提供你练习，好让你重新找回自己的力量，并提醒你一直以来都知道，却忘记、否定或压抑的事。如果你开放心胸，接受这点，那么设定你下一个意念的时机就来临了，你可以射出下一支回旋镖，把它释放到量子汤中了，它会回来找你的。

花一分钟用言语表达一个新意念，例如："我的意念就是要和我自己的智慧连结，并开始过一个只和自己的智慧连结的生活。"这段话只是个建议，你可以随意用自己的话表达。把你的意念写在一张纸上，闭上眼睛，然后观想自己进入隧道，将这张纸交给转世之前的你，告诉自己："这是我现在的意念。如果你同意，我们可以合作，在最短的时间内将它实现；如果你不同意，请给我一个清楚的讯号，我们可以一起努力。"然后回到此时此地，把那张纸烧掉，并观想转化与疗愈发生的情景。接着放手，你的部分已经完成，其余的就交给你的无形团队了。

请先完成这份作业，再继续阅读下去，这很重要。每个意念都是神圣的,而且是一支未来必定会回到你身上的回旋镖。你已经开始摆脱这个世界的催眠状态,踏出了第一步,重拾你与生俱来的权利。在接下来的导读里,我将谈到"行若无事"。

「长篇导读」

找到改变生命的洞见

海鸥行若无事地飘浮在风中；河川行若无事地顺着河道流动；苹果成熟时，行若无事地从树上掉下来；当我们散步时，通常也是行若无事；而观察别人表演他们擅长的事情时，我们会被那一刻的"行若无事"感动——想想体操选手翻筋斗的那份轻松与优雅。我们常羡慕其他人怎么能够那么毫不费力地做事，然后叹息自己永远无法表现得一样好。其实，我们每个人内在都埋了一份无限的潜能，能够把我们带到我们所追求的"行若无事"。然而为了达到行若无事，我们必须付出许多努力。在我的《改变，从心开始》一书中，我描述了"存在"的三个层次。见图1。

图1

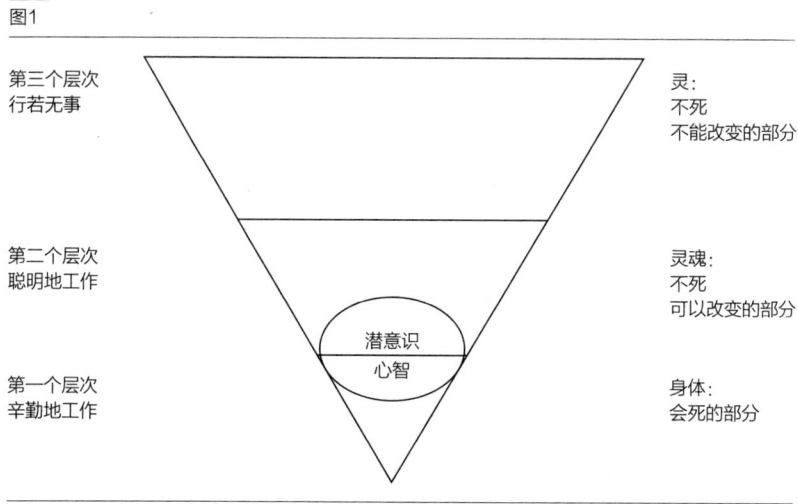

这个模型是通往"行若无事"的基础。第一个层次是物质阶段，心智是肉体中的量子体。也就是说，心智是软件，而身体是硬件。

第一个层次：辛勤地工作。*身体——会死的面向*

我们选择一个适合我们人生意念的身体，这个身体需要以饮食、训练及正面强化（快乐的想法）来特别照料。身体天生懒惰，很容易认输，它的设计是用来求生的，还有，必要的话，透过不悦的感觉来警告我们避开可能的伤害。身体可以被训练成懂得坐着大便，可以学习如何走路、说话、跑步、讲某些语言、打架、计算、画图等等，这些技巧是透过设定心智和神经系统的程序而学到的。

出生时，心智几乎是一片空白，自主神经系统则以求生模式运作，所以饿的时候，婴儿会传达他的不适。接下来，由于人类迫切希望跟社会信仰和世俗文化形成一致，便开始训练心智，这是很费力的活动。身体的更新以七年为一个周期，而我们看到的是：意识发展与此周期平行。

透过辛勤工作，我们有了长足的进步，然后我们会收到社会的奖赏。奖赏可以是物质或非物质的，有时我们更重视非物质的奖赏，因为心智被设计成自视过低，因此总是在搜寻外在的肯定、赏识、批准、尊重和关注。心智这个向外寻求满足的程序也可以叫做"小我"（ego），"小我"象征我们情绪发展的停滞。在人生的第一个七年里，如果在情绪上吃了亏，那么往后的人生，我们就会不断寻求外在的肯定，除非我们了解那是一条通往沮丧与陷阱的路。

心智很容易被设计成有错误的自我感和对世界的负面诠释，战争和恐怖主义的肇因就是例子。两个阵营都将彼此视为造成他们所有不幸的原因，因为他们心中填满了憎恨与贪婪，并把自己的短处投射到对方身上。双方选择的解决方案都是辛勤工作这条路，也就是彻底消灭对方。

恨是一种毒药，由内部吞噬我们，目的在找寻出口，它破坏了我们与生俱来的平静本质。所有的负面情绪都来自小我，这也是我们情绪发展过程中停滞的地方。要辨识出小我并不容易，它躲在投人所好、灵性和仁慈构成的薄纱后面。许多灵修的人都误以为自己必须亲切、温和，不准批判他人或说别人的坏话。当这样的行为是出自心智的程序，而不是发自内心，那只是在"假装"人很好、有同情心，不是真正的仁慈。唯有移除掉阻挡你接触心中真实爱的本质的障碍，你才能真正变得仁慈。

你一直是个爱的存在体，只是没有持续不断地与爱连结。慈悲不是一种你可以学习的行为模式，而是一份与你的本质不间断的连结。投人所好的行为不仅虚伪，而且是一种恶意的行动。假装关注别人，其实是你想得到别人的关注，因为你相信你不是真正能够引起别人的关注。不要"引起别人的关注"，而是要"关注别人"。

我们可以治愈小我的毛病，正确的药方是爱自己原本的模样，也就是说：接纳我们是什么样的人，并从这样的接纳之流中找到内在的平静。为了达到这个境界，我们必须重新设定心智程序，将心智调整到与灵魂一致。所以我们往前推进到第二个层次，开始聪明地工作。我们会操纵身体，在人世间找出我们此生想要的东西。

关于心智，我们可能犯下的最大错误是用另一个错误的自我感（当个成功者），来取代原本错误的自我感（当个失败者），这是大部分激励课程和成功学训练的构成要素。正面思考、强化信念、神经语言程序学、激励、动力、热情、专注力、纪律和鼓励士气的讲话，都是现代许多训练课程中的主要元素。后果是什么？更多苦难、给那个努力超越他人的小我引擎更多燃料，以及更多双鱼世代的失败方程式：在自己身上下更多工夫，重塑自己、迈向成功。这个领域有许多大师，他们大声呐喊、鼓励别人，公司总经理为此花掉大把钞票，这些大师也因此致富。"你可以的！你有那份力量！"还有其他针对这个主题提出的变形口号，成了现代"传教士"的真言兼靠山。在美国，这些领袖中最有名的当属安东尼·罗宾斯（Anthony Robbins）和吉格·金克拉（Zig Ziglar）。我之所以反对这类训练方式，是因为它导致自我的心理压抑，而这最终会导致疾病。

你不必同意我的看法。我并不反对激励、神经语言程序学、鼓励士气的讲话等方法，也不是反对罗宾斯或金克拉。相反的，在我寻求答案的过程中，这些人曾是激励我的来源。而过去十年间，他们成长许多，也比以前更有经验。然而，我注意到他们的方法是以上面加了一层灵性做装饰的物质世界观点为食,让小我增长。身为医生,我反对这点。

我们向前推进,来到第二层次,看看这对你有何意义。第二个层次的关键词是"强度"(intensity)。

第二个层次:聪明地工作。*灵魂——不死;可以改变的部分*

心智不仅包含我们自己的程序,还包含照顾我们的人和我们所处的文化的看法和信念。在接下来的几章,我会进一步探讨灵魂的程序、我们真正的软件和数据库。这里谈到的灵魂正在找寻我们真正的程序。

当我们希望治愈灵魂,就必须根据一套完全不同的程序来运作,这套程序比支配心智和身体的那套程序更精巧。对心智来说,重建一个强烈的自我感,并相信我们既有能力又有价值是很重要的。我们每天的行为动机来自将注意力集中在目标上,并遵照这套新策略。当我们辛勤工作的同时,持续应用我们发展出来的技巧,就有了成功的机会。为了维持身心健康,我们需要新挑战、新目标、新焦点,需要找到一个全新的领域,任何形式的惯例最后都会对我们不利,因为带给你成功的策略也将是你垮台的原因。体力耗尽、慢性疲劳、重复使力伤害、受伤、焦躁、无法放松、荷尔蒙失调造成的压力、咖啡瘾、烟瘾、酒瘾、药瘾(包括医生开的处方药),都是第一个层次的副作用。

第一个层次是自相矛盾的层次：工作越努力，越偏离你的目标。第二个层次则是反省、冥想、从内在找到答案的层次。跟着你的直觉（而非感觉）走，让你的小我替你工作，而不是替你的小我工作。生存的动力建构在恐惧上，但这是可以转化的：让你的小我知道，恐惧是一种能量，只要运用聪明的方式，就可以将它转化成爱。

在检视社会时，我们看到好几项让我们偏离正道的趋势：

一、我们学到"知识就是力量"——科学和研究是推动我们前进的因素。不过当我们环顾四周，却发现彼此越来越疏离，尽管有因特网和手机，彼此却失去联系。而日常生活则被各式各样的新奇玩意儿掌控。人们没有勇气任自己的电话响个不停，总是强迫性地要接起电话，我甚至认识找不到手机就开始惊慌的人，所以他们又多买了一部，好确定没有漏接任何一通来电。小我会拼命努力，以求一直受到关注。然而，灵魂却需要停工期，需要时间反省，需要时间探索内在，需要时间从杂七杂八的东西中将重要的东西筛选出来。我们不应该避开寂静，而是应该把它找出来——找出勇气关掉手机，也找出勇气在你替内在世界补充能量时，对外在世界说"我没时间"。

二、目前科学正把海洋和外层空间的疆界往外推，为了累积知识，我们耗费了数十亿美元。但医学正不断远离人类，对人们的健康造成极大伤害，大到让医疗失误被列为人类主要死因第三名，仅次于癌症和心脏病。2003年11月，医学博士乔·马里达（Joe Merida）发了一封电子邮件，谈到美国医疗照护的最新情况，标题"医疗致死"（*Death by Medicine*）颇有揭发内情的味道。其中大部分信息来自 2000 年刊登在《美国医学会期刊》中的一篇文章，作者是医学博士芭芭拉·史坦菲尔德（Barbara Steinfield）。那些统计资料颇惊人：有 22.5 万因为医疗处置和失误而死亡。实际数字更高，因为其他死因也可能涉及医疗致死。为什么这么多人死于正规医学领域？因为医学界的人走进了不重视心智和灵魂之类面向的死胡同。医生试图从"硬件"介入，但其实他们应该在"心"上面下工夫。教导人们发现并应用自己与生俱来的疗愈力量很重要，应该获得更多资助。拥有宇宙飞船和卫星相关知识很棒，不过了解我们内在的宇宙才是我们最需要的。

三、正当我们受到宽屏幕电视轰炸的时候，心智的屏幕却缩小了——以小我为中心的行为，再加上把重心摆在物质上，而不是优先考虑灵魂，就会导致这种状况。

四、我们有强力的真空吸尘器，能够用高速吸尽大量灰尘，但同时，我们自己却有成堆应该清除但尚未解决的冲突、思维和情绪。

五、医学透过安装心律调节器，挽救了许多心脏病患的生命。然而，假设我们换装"平静调节器"，那就不需要其他所有的调节器了，而唯一真正的"平静调节器"就是在自己内在找到平静和喜悦，找到那颗灵性的心，并治愈灵魂。这么做可以治愈并避免许多疾病形成。

六、不对自己下工夫的最大借口是没有时间。我们为忙碌而忙碌，忙到未尽监督之责。我们在优先级的迷宫中迷失了自己，把优先权给了不相干的事物，而不是着重内在成长。结果，我们完成的事物变少了，体验到更多压力，终至四处乱跑，直到疾病强迫我们往回走几步，暂停一下。我们的思绪主要放在未来，而不够安住在当下。这种不健康的注意力造成压力，而压力导致疾病、疲劳和退化。当问题（挑战）出现时，我们试图找出解决之道，却不去检视这个问题一开始为什么会存在。只要我们不仔细查看隐藏在表面之下的东西，我们就会强迫自己到处乱跑，想尽办法却无法打败那些症状。

我可以继续谈第一层次和第二层次之间的差异，不过以下五点确切地做了总结。

一、我们在内在找到了所有挑战的答案。

二、所有的挑战都是要引导我们回归自我。

三、我们在内在的中立区找到了答案，在那里，没有任何事物可以伤害我们。

四、在中立区里，我们找到了任何挑战的答案。

五、所有挑战的答案都是：把更多的爱给予我们灵魂中需要爱的部分。

这听起来可能简单却难以理解，不过你会被这五大要点的真理说服，并开始在生活中应用。

灵魂是记录并保留我们情绪实相的数据库（情绪实相是我们体验人生的方式），它借着吸引力让我们能够解决过去问题所处的情境，以此来共同创造我们的人生。灵魂运作的方式和小我相反，小我的目标在避开痛苦的情境和冲突，灵魂则促使我们迎向对立，这是极大的矛盾。小我希望我们跟着感觉不错的事物走，寻求虚假的和谐，并否定真理；灵魂则不断对我们发出信号，并影响我们的直觉，希望引导我们朝冲突前进，这样才可以面对冲突。我之后会再回头，更彻底地谈论这个主题。

接下来，该谈谈第三层次了。

第三层次：行若无事。灵——不死；不能改变的部分

问题在于：我们要如何创造"行若无事"？要如何进入流动的状态，像河川一样、像老鹰乘风翱翔？"灵"是在所有生命之后的智性，能量是这个问题的关键。爱因斯坦是最先提出这个原理的人之一，他的结论是：就连物质也是能量，尽管是以另一种形式呈现。我们把那个不被局限的部分叫做"灵"，它不能改变，也无法触摸。

灵魂和心智分别是会起反应的不死部分和会死的部分。灵是纯粹的，纯粹的知晓、纯粹的存在。在许多文化里，我们都能找到与这个创造、形成并支持肉体的能量基础相似的观念，例如中国和日本的"气"、印度的"普拉纳"（prana）、卡巴拉教的"耶索德"（yesod）、苏菲教派的"巴拉卡"（baraka）、拉科塔族的"瓦康"（wakan）、易洛魁族的"奥伦达"（orenda）、依图里森林矮人族的"梅格比"（megbe），

以及基督教传统的"圣灵"（Holy Spirit）等等。

灵魂是握有我们对世界所有反应的数据库，所以灵魂和心智形成我们的性格。灵是全能的创造智慧，灵魂则是那个全能智慧的个人显现。灵魂是灵的火花，将生命给了肉体，将意识给了头脑。

在生命中体验行若无事的必要条件，就是不再把能量浪费在情绪和生命本身。它要求我们百分之百地信赖，相信自己的意念会被显化出来。它是了解每次我们紧握住某样东西不放，就会耗损能量。它是训练耐性，这样宇宙才有时间促成对我们有利的事。它是知道何时采取行动、何时等待。它是找出激情和热忱之间的关系，好让我们所做的每件事都能让我们充满能量，不再抗拒自己所做的事情。它是每次有抗拒时都能察觉，这样才能面对、处理，直到不再有抗拒。它是了解到影响我们或给予我们精神支持的所有事物，都揭露了灵魂里一个需要疗愈的创伤。它是察觉到我们对别人所下的每个判断，都在邀请我们看着自己的黑暗面，看看我们的判断说了些什么跟我们自己有关的事。它是了解到别人的行为并没有透露他们是什么样的人，而是透露出他们处在灵魂进化过程中的哪个位置。它是同意去宽恕我们认为曾经伤害我们的每件事、每个人，因为我们知道，最终我们是为了自己内心的平静而宽恕。它是侦测受到限制的信念，如此我们才能将其转化成对我们有用、让我们更有力量的信念。它是感激生命给予我们的一切：健康、富足、人生道路，以及我们能想到的所有事物。它是明了富足的法则，并将富足分享给陷在困境里、需要推一把才能从无尽的循环中挣脱出来的人。它是无条件地付出爱、付出物质，却不拿别人的注意力和膨胀的自尊心来喂养小我。

这些都是"行若无事"的材料，可以用来揉出爱、慈悲、尊重及自信的面团，而这个面团烤出来的饼会持续一辈子。要走向"行若无事"，你会一再跌跤又站起来，不断尝试，但我相信如果真的愿意，我们都可以走上这条路。

在这个层次，我们与自己的灵（宇宙）同步。我们不断经历巧合，许多事物会自己掉在我们的人生道路上，所以在为任何事物努力时，我们并没有浪费精力。我们知道要为自己的生命负责，并且尽可能以最放松的方式，怀着自在、感恩和喜悦去创造。这中间的艺术就是要在臣服（放手）和知道何时该采取行动之间找到平衡，所以要觉察你可能接收到的任何征兆，就像我遇见那条蛇一样。

请检视此中含意，了解你应该采取什么样的行动。你的灵（宇宙）不断地与你沟通，问题是：你有在听吗？为了让本书发挥最大效用，我建议你写日记。留意周遭，把所有逸出常轨的事物记录下来，找出这些偏差有什么意义，这么做会让你开放自己，成为宇宙的工具。

你在哪一个层次？

我们的意识可以在一个层次运作。下面有几个层次，你可以看看自己位在何处。

第一层次

你全神贯注在想做的事情上。你有目标、想完成更多事,成功对你很重要。你喜爱奢华、寻求保障:一份不错的工作、银行里的钱、美丽的豪宅和定期休假。你很有纪律,而物质、成功、地位、被别人尊重对你来说很重要。

第二层次

你比较重视和谐与流动,友谊和美妙的气氛对你很重要。你热衷个人成长,阅读灵性书籍,参加研讨会,并深受瑜伽、气功、太极等东方修行法所吸引。你希望别人爱的是真正的你。爱是你生命的中心,紧接着是和谐、反省与哲学。

第三层次

你正走在灵修之路上。你感觉很好,虽然有许多问题,但你知道这是你要走的路。随着时光流逝,你变得愈来愈谦卑。你无条件付出,努力和宇宙合一。世界和平对你来说很重要,所以你愿意贡献。你明白你所知道的一切就是这么回事,没有怀疑。

另外还有两个层次。

第零层次:灵性昏迷或灵性假期

这些人拥有所有快乐的理由,却不快乐。这是最不满足的一群人,他们接受自己的命运,知道如果你天生是五分钱,就永远不会变成二十五分的硬币。他们的人生是自动驾驶的,许多情绪就靠着抽烟、喝酒或吸毒来发泄。他们无止无尽地抱怨，也嫉妒日子过得比自己好的人。

第四层次：开悟

这些快乐的少数人了解自己，是无条件的爱的化身。他们个人的任务已经完成了，现在是为了服务他人而活，传播开悟的知识。跟他们在一起时，你会体验到纯粹的爱和纯粹的慈悲。另外，这些人往往有第六感。

以上简单描述架构本书的基本原则。现在我确定你已经拥有所有能够改变生命的洞见。花点时间把你这深刻的理解表达出来，大声说出你的意念。我们之前已经做过两次了——写下你的意念，例如："我此生的意念是要在灵性领域尽可能实现一切。"然后把这张纸折起来，闭上眼睛冥想，回到你转世前的那一刻。把这张纸交给你自己，然后说："这是我现在的意念，如果这不应该发生，请尽快让我知道。"接着回到此时此地，烧掉那张纸，然后放下这件事。

这是导读。如果你可以再读一遍，把你希望更深地植入意识里的事情记下来，那是最好的！

祝福你在走向"行若无事"的境界时，遇见最美好的事。

第一部 灵魂之旅

第一章　回家的旅程：过渡期

生命的关键问题在于：死后会发生什么事？我们会去哪里？不在人世间时，我们做些什么？这些问题就跟希伯来语《圣经》里那位活了九百六十九岁的玛土撒拉（Methusalem）一样老，而且到目前为止，大部分的答案都在回避重点，并没有深刻的见解。我多年来努力搜寻这个主题的相关数据，看到最可靠的来源是麦可·纽顿（Michael Newton）博士的《灵魂的旅程》（*Journey of Souls*，1994年出版）。这是一本很美的书，以纽顿博士开发出来的特殊催眠技巧为基础。这套技巧让纽顿能够直接与灵（spirit）对话，并超越灵魂（soul），过程就跟一般的回溯疗程相同。这就是为什么在进行回溯疗法时，我们只能知道自己前世发生什么事，却找不到两世之间的讯息。

我所开发的"奥美嘉健康辅导法"不但能够撷取到"是"与"否"的答案，而且证实了纽顿的发现。再者，我还能够从灵或"内在的神性"（DOW, Divine One Within）撷取到额外信息。请你做好心理准备，因为我正要带领你进行一趟深度的灵魂历史之旅。我会详细说明一个对你的人生有极大影响的概念。请感受那股逐渐升起的兴奋感，就好像你正准备来人世间走一遭。你会随着时间回溯，回到你转世前的那段时期。

死亡那一刻

我们先到死亡的时刻走一回，这个时刻是从地球到另外一个世界的"过渡期"。我有过一次濒死经验，当时我在一次严重的车祸中断了两根颈椎骨，陷入昏迷。我立刻被吸入一条隧道，在还没有弄清楚到底怎么回事前，就发现自己位在这条连接不同次元的出入口的另外一端，和我的指导灵讨论事情。他们看起来都很正常，就是一般人类的模样。他们告诉我，我在人世间的寿命尚未结束，必须回去完成我的天命。但我不想回去。我从小就罹患气喘，而且一直有种悲伤的感觉，渴望某种东西，类似思乡病。在人世间，我从来不觉得有自己的立足之地，而这次死亡将会结束这一切混乱。

我的指导灵告诉我，所有敏感的灵魂都有思乡之苦，都觉得人世间没有他们的立足之地。对他们来说，这个世界太严酷、太冷漠了。不过，他们已经选择了这个人生，就必须完成已经开始的一切。我提出抗议，跟他们说谁都可以代替我，这个世界并不需要我的存在。我的指导灵却有不同的看法："你所要做的事，只有你做得到，没有人能够取代你。替代方案永远比不上原始意念，只能当做紧急状况的备案。就你而言，这一世有许多人跟你有交易。目前为止，为了让你活着，我们已经超时工作了，因为你实在很鲁莽。"接着他们便秀出影像，让我看看那些我不顾后果的时刻。我看到自己之前在摩洛哥几乎溺死；看到有人恶整我，让我从栏杆滑下去，摔了三层楼，却奇迹似地双脚着地，没有人知道怎么可能有这种事。最后，他们让我看到自己四岁大的时候，在公路上骑我的小单车，然后有个陌生人一把将我抓走，避开了一辆轰隆隆的卡车。

看完这些影像，我沉默不语。"我的任务是什么？"我好奇地问。他们答道："时间会告诉你。我们会引导你走向天命，你什么都不用做，只要跟着你的心走，然后要更小心一点。"接着，我便飘浮在自己肉体的上方，看见自己躺在那里，身上插满管子、点滴和维生系统，然后我便从短暂的昏迷中醒来。这次的经历对我的人生产生极大冲击。

另一次影响我的经验与我祖母的死亡有关。当时我六岁，正在床上小睡,突然有人喊我的名字。当我往上看时,看见我祖母。她看起来好美,似乎飘浮在空中。她穿着美丽的白袍,看起来好像是透明的,不过模样跟我知道的她完全相同。问题是,我们住在阿鲁巴,祖母住在古拉索。我知道当时她病得很严重,却不知道病到什么程度。我当时因为支气管炎卧病在床,我妈妈也在家,屋子里其他地方空荡荡的。祖母对我说:"我是来道别的,我要回家了,我想让你知道我很好、很健康,而且会永远与你同在。如果你需要我,只要喊我的名字就行了。"她拥抱我、吻我,而我因为排山倒海而来的悲伤而哭了起来。祖母跟我很亲,我一直是她最爱的孙子,她总是宠我、溺爱我。

在亲吻过我之后,祖母就消失在稀薄的空气中。我边咳嗽边哭,跳下床,跑去找我妈。她坐在客厅里哭泣,因为祖母也出现在她眼前,向她道别。我们流着泪拥抱在一起,就在那时,电话声响起,是一个姑姑打来的,她告诉我们祖母刚过世。

很小的时候,我就体验到在看得见的物质世界旁边,有另一个看不见的非物质世界。我也看得到死者的灵,他们通常忘了自己已经死了。我在哪里都看见他们,看见他们在学校,也看见我的指导灵。到了青春期,我完全丧失这项天赋,也和灵界失去连系。但我从来不怕死,因为我知道并没有死亡这回事,那只是转换到另一个世界。死亡等于重生。

离开身体的灵

我们再回头谈死亡那一刻,这是一个重要且有意思的体验。

在死亡的那一刻,我们的灵离开身体,然后我们发现自己在身体外面,飘浮在上方。我们心思澄明,不过年轻的灵魂和小孩可能会迷失方向,不知道该怎么办。据目前所知,有的灵魂经历较多,这类灵魂称之为"老灵"(older soul),而经历较少的则称为"幼灵"(younger soul)。

老灵熟悉例行公事,他们晓得进行的方式。大部分的老灵会立即离开人世,迅速穿越称之为灵界门户的那条隧道,也知道在另外一个世界该如何自处。他们不需要朋友或指导灵在那里等他们,他们用自己的方式处理以前做过许多次的事。不过,灵徘徊在身体周围的理由有好几种,有时是执着人世间的生活,拒绝放下;有时,灵是想与所爱的人连系,给他们一个讯息,让他们感到安慰。就某些案例而言,这项任务很容易,因为讯息接收者能够清楚地看见灵魂体。不过,大部分人没有办法清楚看见灵魂体,这表示灵必须运用所有创意,以另外一种方式转达此讯息。我将告诉读者几种灵与我们对话的方式。

强烈的情绪——例如悲伤——是与灵界沟通的绊脚石。留在世间的人因为震惊,而对任何形式的接触没有反应。大部分的灵游移在天地之间,目的在安慰自己所爱的人,这种状态可能耗上几天,最多可达几个月。灵与我们沟通的方式包括出现在梦境里、在收音机上播放拥有共同回忆的歌曲、散播气味（如最喜爱的香水）、移动物体（如推倒相框）、开窗开门、触碰挚爱并对其窃窃私语、传送能量（例如放松的能量）。

老灵掌握了刺激脑部感官区的技巧，这些区域和感觉相连结，包括听觉、触觉、味觉、嗅觉和视觉。有了这些技巧，老灵们便能够将能量集中成某种类似雷射光的形式。灵其实是想要转达他们还活着的讯息，他们常利用动物和小孩，因为动物和小孩比较愿意接受外来的讯息。

传送能量和讯息的能力是经由时间学习的，每个灵的技巧都不一样；对生活的敏感度也是经由时间学习的，而且人人不同。大部分的灵迟早都要前进，且必须表示是否想回家。

一旦死后超越了肉体，我们会抛掉大部分的负面思绪。不过"灵魂"却会带着大部分与自己有关且尚未解决的冲突，除非这么做没有必要。当灵来到灵界时，它已经释放掉灵魂所有的情绪和感受，仇恨、愤怒、羞辱、懊悔、嫉妒、失望、挫败，全都解决了。这些是与人世间连系的情绪，而情绪在人世间作用的目的是引导我们回归自己的本质。这些情绪让我们看见"非我"，并引导我们偏离我们平静与爱的本质。因此对我们来说，人世间是学习和接受考验最理想的地方，目的是要看我们是否掌握了自己在人世间的主题。灵对留下的一切或曾经拥有的美好时光，都能够感受到某种怀旧之情。

灵魂是不死的，而且不再与肉体的气质和特性相连系。灵魂不用花太久时间就可以找到平静，并接受自己此刻所在的地方。灵魂会重新找回自己的特性，与过去分离。发生的事就发生了，唯一会让灵魂痛苦或懊悔的事情是已经铸下的"业的抉择"，而这些可能会让灵魂魂牵梦萦好长一段时间。有时候，灵魂需要协助才能放下痛苦和懊悔，并看到下次的其他选项。灵魂的进化是我们来到人世间的唯一理由：我们渴望一再进化，直到再度与创造的源头结合。这是灵魂内建的罗盘，要朝尽善尽美的方向前进；这也是一种动力，让灵魂不断找寻可以让自己进化的挑战。

灵魂关注的并不是留在人世间的人，因为它知道每个人都有自己的航道，我们会与那些挚爱的人在另外一个世界再度相会。灵魂了解我们都会尽可能把日子过好，当留在人世间的人因为他们自己的选择而感到快乐时，灵魂也会跟着开心。灵魂并不会执着于先前的伴侣和感情，此时此刻，一切都清楚许多，没有痛苦、懊悔或嫉妒。许多丧偶的人很怕跨出去建立新恋情，害怕这么做会伤害死去的伴侣。这真是一大遗憾，而且没有任何实质根据。灵魂非常善于无条件地去爱，善于接受人的本性。

灵魂重生

灵魂在进入灵界时，已经摆脱掉人世间大部分的痛苦，不过灵魂可能会变弱，需要重生。有好几种方式能让灵魂的能量等级回复正常，如此灵魂才能从人生的创伤中复原。

灵魂是独一无二的，是纯粹的智慧能量振动。这股纯粹的能量以一种全然不同于物质的方式运作，它是独一无二的智力，有原创思维和独立决断的能力。

在我们过渡到灵界期间，通常会遇到其他的灵，例如我们的指导灵和灵魂家族（spiritual family）的成员。我们的指导灵要确认人世间的能量已经离开灵魂，并检查灵魂损耗的状况，他们会运用好几种技巧替灵魂补充能量，使灵魂重生。

茧形体

这是我们被包裹进一个能量球里的状态，而指导灵会在这团能量云中陪着我们。那是一种棒透了的、恢复活力的感觉，可以明确感受到能量激增。你可以想象一下婴儿开心地洗着泡泡浴的情景。

治疗光线

指导灵也可以对我们发出强而有力的能量光束，目的在治疗或加强灵魂体特定部位的能量，就好像用能量按摩一样。这会发生在我们过渡到灵界的那段期间，是为眼前的一切做准备。一旦灵魂进一步踏上它的进化之路，且不受损害之苦，就会找到自己该走的路。

深度治疗

这种情况出现在灵魂受到严重的创伤或太过虚弱时,此时灵魂需要更多治疗,才能恢复到原始状态。举例来说,因创伤而死亡的人需要特殊治疗,才能将肉体和情绪所受到的冲击从灵魂体移除。

重生

大部分灵魂都会获得一个时刻,让它能够从在人世间所受到的张力中恢复过来。有一群特别的灵会照顾受损害的灵魂,直到这类灵魂准备好向前迈进,长期卧病之后死亡的人尤其需要这样的照顾。有经验的灵魂复原速度较快,往往很快就想向前迈进。而创造这个"感觉很不错"的重生环境,目的在促进复原过程。

严重受损灵魂之重生

有些灵魂受损严重,需要更特殊的治疗,才能从刚过完的那一世中恢复过来。有时候,灵魂所在身体的影响剧烈到灵魂没有办法摆脱负面能量,我们说是严重的侵犯行为和(自我)毁灭。这类灵魂会被隔离开,接受较长期的特殊治疗。"奥美嘉健康辅导法"帮助我们了解身体影响灵魂,或甚至控制灵魂的力量有多大。身体可能因为灵魂无法疏导的侵犯行为而消耗殆尽，而强烈的自毁倾向、过动、深度忧郁或无法控制的害怕和恐惧症也属于这类情况。这种"战或逃"的本能反应是一种内建机制，是设计来保护身体的，而且有能力制伏灵魂。

最近，我的一名学生在做呼吸练习的时候出现攻击行为，他变成像狼一样的生物，大声嗥叫，强壮到无法控制。一名试图安抚他的学生被抓住喉咙，举到半空中，训练员则挨了好几拳，不得不后退。有一名学生是自由搏击的世界冠军，他跳到这名攻击别人的学生身上，运用他所有的能耐、力气、体重优势和技巧，才压制住这名学生。这名自由搏击冠军和另外一个人一起制伏了这个男孩子，同时派了一个人来找我，我立刻要求他们放掉那个男孩。我用平静的态度跟他说话，并与他的另外一个自己接触。我让他知道，我是要来帮他忙的。他冷静下来了，几分钟内，就由旁人护送他回到自己的房间休息。稍后，我用"奥美嘉健康辅导法"测试他，发现他小时候曾在你想得到的各个方面遭到骚扰——身体、心理、情绪和性。为了活下去，他的身体把自己当成狼，将他的愤怒和攻击行为转向他的父母亲。

在"奥美嘉健康辅导法"的协助下，我们已经可以治疗他在人世间的灵魂，同时让身体摆脱会污染灵魂的有毒情绪。进一步测试之后发现，这名男孩来到人世是为了辅导并治疗受虐的孩童和成人，而因为他要扮演一个重要的角色，他自己必须先经历这样的转变。沿着这条线走来，他原本就应该遇到我，这样我才能帮助他。

重点是，灵魂可能会被身体严重毁坏，尤其在灵魂经验不足的情况下。我们的思维、感受、态度和心境经过生物化学的作用，转化给身体，成为环境的触发因子。灵魂通常能够应付这些生物和情绪的反应，不过，这个规则也有例外。有时身体的力量太过强大，大到灵魂无法控制，而一旦灵魂无法掌控身体，结合了双重人格的分裂情况于焉产生，我刚刚所举的例子正是如此。

要帮助严重受损的灵魂重生，最主要必须清除灵魂的部分记忆，否则灵魂可能会被强而有力的记忆吓到，因而拒绝转世。这类灵魂最后会陷在过去，无法逃脱。而有时候，则必须阻止特定的灵魂转世（除非这类灵魂扮演终止许多因果报应的特殊角色），这些灵魂通常是独裁者和有名的罪犯。另外，有些教训是要由全体人类共同承担的。我们为何要让坏事发生？因为我们现在生活在一个步调快速的时代，如果想成功终止恐怖主义，提供新机会给新的世代，就必须以更高的速率进化。

评估前一世的经历

我们可以把"灵魂"看成"情绪实相"（emotional reality）的纪录，而所谓的"情绪实相"，就是我们面对体验的方式。把灵魂看做捕捉实相的摄影机，是一种绝佳的隐喻，死亡时刻则是影片的结尾。我们的"灵"将摄影机和影带带回家，因此，与"灵魂"沟通，而不是与

"灵"沟通的回溯催眠，只会唤起前世的记忆，从来没有唤起两世之间的记忆（那时我们在灵界）。

在我们前进到灵界的旅途中，以及抵达那里的时候，我们会跟指导灵一起评估我们的一生。在我们的人生道路上，哪方面成功了？遇到了哪些障碍？有没有达到我们为此生规划的目标和意念？指导灵不会批评、论断，只是有时对我们拒绝看见他们的暗示和引导，会显得失望，甚至沮丧。指导灵是比我们更进化的灵魂，负责在我们事先设定好的道路上尽其所能地引导我们。每一个指导灵都有自己独特的个性，可能滑稽、可笑，也可能严厉、正经；可能颇有弹性，也可能一板一眼。他们帮我们做好准备，以便面对"高阶咨询会"（High Council）或元老院（Group of Elders）的评估。这个高阶咨询会是由得道的上师所组成的，他们是比指导灵更进化的灵魂，我们称之为元老（Elder）、智者（the Wise One）、神圣上师（Holy Master）或超凡上师（Ascended Master），以及上师咨询会（Council of Masters）。

这个上师咨询会跟我们一起评估我们的人生历程。在转世之前，我们再度跟他们碰面，听取建言和口头上的鼓励。

而评估的内容在于：我们此生所做的重要的"业的抉择"，以及是什么原因使我们偏离了原本同意的道路。造成他人痛苦或故意酿成损害是评估项目中的重要议题。我们的指导灵带领我们来到上师面前，陪着我们，给予精神上的支持。他们往往在我们来到灵界以前，就在为这场评估做准备，而且已经和上师们讨论过某些面向。此外，他们还会协助我们领悟上师告诉我们的话。指导灵已经与灵魂开过好几次会，以便确实了解灵魂在人世间出了什么差错。与大部分宗教、非基督教或基督教相反的是：这里没有炼狱，没有冥府，没有惩罚，没有审判日。只有爱、慈悲与疗愈。

生命中的灵魂家族

和上师咨询会开会的重点在于协助灵魂分析弱点，为下一回合的进化做更充分的准备。上师们像充满爱心却严厉的父母亲，心中其实最关注自己的孩子。同时，他们也是教练、激发者、鼓励者、心理学家，带着秘诀和建言帮助我们。对这些向我们散发出那么多爱、智慧和慈悲的上师，我们心怀敬畏。

我们的灵魂家族就比较吹毛求疵，家族成员往往用幽默的方式取笑我们偏离轨道。有时候，他们甚至在我们的人世生命中扮演重要的角色。有趣的是，我们可以采用"奥美嘉健康辅导法"测试某人是不是我们的灵魂家族成员。举例来说，我有两个心爱的儿子，不过，我和小儿子有一种特殊默契，以前我无法解释，现在我知道小儿子是我灵魂家族的成员。他生病时，如果我在家，而不是出差在外，他会好得比较快；他生气的时候，我可以轻易改变他的心情，而他母亲却要很费劲才能做到。我的小儿子和我有许多共同点，我们可以感受到彼此的感觉。他生病时，我还不知道就先感觉到了；而当我承受许多压力时，他会焦躁不安。

我的大儿子已经接受了我跟他弟弟之间有不一样的默契，那与我跟他之间的感觉不同，他也知道且感受到我有多爱他。2004年，大儿子参加了我举办的两个工作坊，在总共十八天的训练课程中，他的行为举止改变了。他变得更开放、更有爱心、更开朗。

"奥美嘉健康辅导法"测出我的大儿子属于他母亲的灵魂家族，而小儿子则属于我的灵魂家族。我的小儿子跟我一起共度了好几世，扮演不同的角色，包括父亲、儿子、兄弟、朋友等等。他常在我之前或之后转世。目前为止，我只找到几个我的家族成员，但我相信我的灵魂家族成员会陆续出现。

我提到这则故事是因为我们的灵魂家族有取笑我们的倾向。我的小儿子有时会用迷人而幽默的方式劈里啪啦地发出评语，让我注意自己的行为。

当我们站在上师咨询会面前时，会立即感受到他们的爱。大部分上师可以心电感应，不仅能够感受我们的感觉、知道我们的想法（我们无法对他们隐瞒任何事情），还对我们散发出纯然的同理心、爱和疗愈。这里和人世间的法庭相反，没有答辩的律师或提告的检察官，一切完全开放，不是惩罚，而是支持灵魂的进化。

知道这一点之后，你就可以放松心情，把焦点摆在重要的人生议题上。你需要注意什么呢？你希望为你的人生注入什么样的特质？你避开了哪些冲突？有任何尚未解决的问题吗？你什么时候耽搁了？你还必须精通哪些主题？是耐性、慈悲、勇气、热情、决心、魄力，还是爱你的邻居？这些议题都是你进化的过程中不可或缺的，所以请花点时间，好好反省一下，把它们写下来，你现在有机会重新安排你的优先级。此刻的你正在阅读这些文字，就表示你已经承诺了你的灵魂要进化。你到底有多认真？现在请自我评估吧！拿起笔和纸来列清单，看看你还需要针对哪些主题下工夫。

其次，写下所有触发你的因子、所有耗尽你能量的情境。是什么在影响你？是什么惹恼你，令你发怒，让你觉得挫败，令你担忧、害怕、伤心、恼怒？是什么让你嫉妒、没有安全感且情绪化？你跟谁之间有尚未了结的事情？你需要宽恕谁？

把想到的每一件事写下来，稍后我们会处理这份清单。更深入地了解和灵魂的进一步进化，会减轻这些所谓的触发因子对你的存在所产生的影响。

面对自己的人生主题

再回头谈上师咨询会对我们的评估。正如我先前所言，我们无法隐瞒任何不想说的事。每个灵魂都渴望成长，虽然我们在人世间时，可能会暂时失去这个动机，但最后，内在的极度痛苦会提醒我们来到人世间的首要目的何在。我们不想站着不动，我们想要进化。死后召开的那几场会议都在厘清我们是如何进化的，我们并不是逐步进化，而是呈跳跃式前进。有时候，我们甚至可能会卡在人生的某一个或某几个面向，而无法前进。对我们来说，有些主题需要多次转世才能精通。

针对这点，我会举我自己的例子来说明。

我的其中一个主题是耐性。我生来多动，讨厌任何迟缓的东西。念书的时候，我很难在课堂上专心，因为那对我来说太慢了。我会分心，然后在书本上画些小图。

我被诊断为"轻微脑部损伤"，是出生时缺氧所致——如果是现在，医生会说我罹患了"注意力不足过动障碍症"（Attention Deficit Hyperactivity Disorder，简称过动症），然后开大量的"利他能"（Ritalin）来缓和我的症状。我被这个世界的迟缓束缚住了，造成的挫败往往以突发的攻击行为表现出来。有人说我闲话，我会痛揍他一顿，但因为怕被学校开除，我会等到放学后，在学校以外的地方采取行动。这是我发展耐性的第一步：等待适当时机。

我察觉老师和同学既愚笨又迟缓。我的成绩全都是A，在班上名列前茅。我极端好胜，永远想赢。许多冠军都归我，范围从游泳、网球，到桌球和各项体育竞技。如果我居然不是某项运动的佼佼者，我会拼命练习，直到变成第一名。就这样，我学会了纪律和坚毅。我六岁的时候学柔道，十八岁学空手道，而我学习武术有三十多年了，武术教了我什么呢？耐性、纪律和静心，全都是建构我的未来的重要基石。

学校放假时，一个星期里面我有六天在看书，一天大概看三本。而针对耐性这个主题，"当两个男孩的爸爸"成了我的毕业专题。他们两个拥有彻底考验我的特殊技巧，例如"立即失忆症"。我会告诉他们把房间整理好，而我一走出房间，他们就忘得一干二净，把注意力放到"重要的"事情上，例如将对方打个半死、玩任天堂游戏或某件同等重要的事情。针对这样的状况，处罚或威胁都无济于事，爱和耐性才是解决问题的关键。我的小儿子也罹患"注意力不足过动障碍症"，不过因为从他出生开始，我就一直替他治疗，所以他的情况并不严重。他对糖和食品添加物严重过敏。他是我的镜子，在整个过程中教了我许多与爱及耐性有关的事情。

你不可能避开自己人生的主题，面对这个问题的方式决定你的主题会变成你的触发因子，还是成长激素。也因此，知道什么东西会触发你、伤害你、激怒你、让你觉得挫败，就变得非常重要。这与你的人生主题——你必须精通的课题——息息相关。

让身体与灵魂和谐共处

你的身体是个独立的存在体。我的身体对特定的营养品非常敏感，我就是没办法承受这类养分。如果我忽略这点，就会立即出现低血糖反应、疲倦、易怒、黏液生成等情况。你的身体能够透过生化反应和其他程序阻碍灵魂的成长。

上师咨询会很清楚这点，他们会和我们一起检视这些课题。咨询会会询问我们对此生的历程有何感受？要怎么做才会不一样？最大的挑战为何？而在检视过后，他们会建议特定的体型，供我们未来转世使用。每种体型各有优劣，而你的选择会大大影响你的人生体验。

让我们用骑马来比喻，那么身体就是你准备骑上去的那匹马。此生我选择的是一匹未被驯服的野马，天生带有攻击性。此外，我的马对营养品和毒素高度敏感。学习驾驭我的马需要耐心、纪律和坚毅，我相信这就是促使我选择研读医学，以及后来研究另类医学背后的驱动力。

在教导我骑自己的马这件事情上，我目前还在学习。我以前会嫉妒别人有匹温驯的马，可以吃、喝或抽任何东西，却毋须承受任何后果。现在我终于接受了我的马就是我的人生道路，而且因为面对自己的挑战，我的灵魂进化了，我越来越坚强，不再想拿自己的马去换温驯的马。如果我之前完全了解自己有哪些选择，也许就会选择不一样的马，因为我并不总是愿意去控制我的马匹。现在的我放聪明了，懂得善用困境。

上师咨询会会温和地刺探我们，看看我们对下一次转世有何感受。一旦掌握了所有状况，咨询会会提供我们一些建言。他们会精确分析灵魂和马匹（身体）的神经系统之间的关系，然后以这样的分析为基础，建议我们如何为来生做准备。

每一次转世都经过充分准备，我们会接受训练，以学会操控自己选择的那类型马匹（身体）。我们事先就非常清楚自己会面对什么样的境遇，所以指责马匹让我们骑得不舒服是没有意义的，我们必须负起该负的责任。

人生最重要的事就是在动荡中彰显灵魂的力量，我们必须战胜物质幻相。当身体的力量大过灵魂时，我们就有遭到破坏（受负面思绪毒害），或失去自己完整性（灵魂的准则、理想和价值）的风险，而这可能会导致我们丧失一部分不朽的本质。我们的目标是要与身体融合，彼此合作，合而为一，让身体与灵魂和谐共处，就像马匹和骑士合为一体，思绪一致、动作一致。

重要的关键问题包括：

- 如何操控力量？
- 伤害过别人吗？
- 是否笃定，或者容易遭他人压制？
- 如何面对富足？
- 是否执着于金钱和物质？是否封闭自己的心，无视于他人的痛苦？
- 是否能够无条件付出，还是会利用特权？
- 金钱和权力是腐化了我们，或者我们因为慈悲和分享富足，而拥有正面的影响力？
- 如何回应生命呈现在我们眼前的挑战？

- 我们是允许自己被逆境打败的受害者吗？或者我们决心站起来再试一次？
- 经验使我们变得更坚强，还是更懦弱？
- 我们能否放下过去？
- 在亲密关系中，我们处于什么样的地位？
- 是否有勇气展现脆弱？
- 是否学着接受他人的本性，而不是试图改变对方？
- 随着经验的累积，我们爱人的能力是扩大了，还是停止了？

咨询会搜集了最艰难的时刻，让我们知道哪些主题需要做到尽善尽美，还有如何让自己做好万全的准备。问题不在于搞砸的次数，而在于我们越来越坚强这个事实。

而随着我们的进化，咨询会的架构也跟着改变。与更进化的灵魂相比较，幼灵受到的待遇是不一样的，而且比较不严格。咨询会里上师的数量也不一样，安排给幼灵的可能是两位上师，而安排给先进灵魂的可能是七或十二位上师。通常在特定的进化阶段，我们会出现在同一个咨询会前。有时候，则会请专家针对如何突破恶性循环给予具体建言。

检视图 2 时，我们看见两种进化模式。大部分人以为我们是根据图 A 进化的，不过我们的进化模式其实是图 B。那些圆圈是分开的，我们一直卡在同一个循环或圆圈里，直到学会了该学的功课、有了新

图2

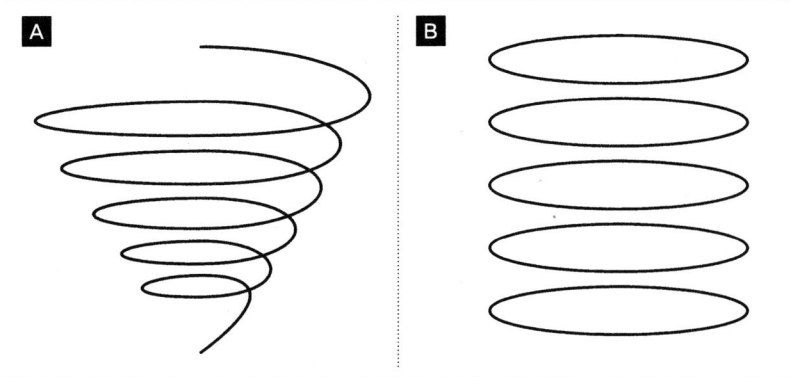

的洞见，然后突然向前大跃进。在本质上，这也是突变的过程。最重要的是，我们知道我们可以学习提高大跃进的速度，并藉此加快我们的进化过程。

咨询会主要聚焦在大局，不太重视细节。咨询会会比较并指出我们的模式，包括前几世的模式。咨询会帮助我们朝终极目标迈进，指导灵则帮忙探究我们人生航海图的细节。指导灵会让我们知道在人生路上，他们曾经如何想办法协助我们，"同步性"就是指导灵和其他协助者的高贵成果。

与咨询会一起评估过后，就到了返回我们的灵魂家族，并继续住在灵界的时刻。我们觉得受到激励、有了动机，可以继续这个追求完美的过程。咨询会给了我们方向和建言，而我们已经重新充饱电，可以回家了。

这些洞见是从麦可·纽顿和苏菲亚·布朗（Sylvia Browne）的作

品中得来的，再加上我运用"奥美嘉健康辅导法"测试所得的结果，它们说明了人死后会发生什么事情。而测试了数百人之后，这些洞见已经获得证实。

知道死后会发生什么事情，可能会激励你从此生获得更多——比目前为止拥有的更多。我希望提供这样的刺激，同时为你带来内在的平静。

我们现在要做的是设定你的意念，并好好做一份作业。开始做作业吧！

设定意念

再把这章读一遍，把还不清楚的东西记下来。写下你是否能安于死后会发生在自己身上的一切。你怕死吗？如果你的答案是肯定的，这只是表示你害怕放掉熟悉的事物，而这会让你不断想着死亡。你必须完全接纳死亡不是终点这个事实，而且回家将是件快乐的事，死亡只是从人世间的限制中解脱出来。

本章所讲的一切都是真实的吗？等你死后一定会知道。我相信这是真的，它激励我从人生带给我的所有经验中获得十足的利益。

让我们把注意力摆在你的意念上。你现在知道意念是宇宙的创造力，而好的意念会是："我，（请填入你的名字），完全安于以下事实：我死后会根据我度过此生的方式接受评估；从今以后，我会更有觉知，我会把自己灵魂的进化摆在第一优先。"

你知道步骤了。把你的意念写下来，好好冥想，想象在转世前，你如何将这张纸交给自己，然后对自己说："这是我现在的意念，如果这与我的生命蓝图相违背，请用一种我可以了解的方式尽快让我知道。"

接着回到此时此地，以简短的仪式烧掉这张纸。慢慢来，这本书会等你。我知道你很渴望找出为下一次转世做准备的方法，不过这件事必须等待才行。

第二章 准备下一次转世：设定今生的挑战

我研究另类医学 30 年了，很清楚试过另类医学的人是怎么一回事，他们试过的项目包括顺势疗法、针灸、脊椎指压治疗、灵气（Reiki）、天眼通、约曼达（Jomanda。荷兰著名的灵疗师）、巴哈花精疗法，以及人体运动学等。这些人很多都花了一大笔钱，目前几乎身无分文，然而疗效却与开始时相差无几。这个现象引起我的关注：我们这些治疗专业人员忽略了什么东西？另类医学到底少了哪一环？

1980年，我在马斯垂克开业，从事针灸与顺势疗法。我当时提出一个保证：如果病患在十次治疗后没有康复，那么接下来的治疗就免费，直到病患完全康复。为我工作的治疗师和医生大约有八位，他们让我有时间和自由只为坚持下去的病患治疗，我们称这些病例为"免费的蜜蜂"（free bee），因为他们在毋须付费的情况下接受顶级治疗。这段时期赐给我宝贵的经验，让我深刻理解到为什么有些人抗拒治疗。此外，这段经历激发我深入阅读并研究这个主题。我旅游全世界，参加受人尊敬的专家举办的研讨会、会议和工作坊，希望找到我要探索的东西。这趟探索花了我好大一笔钱，不过也教会我现在所知道的大部分东西。而且，这是我发展"奥美嘉疗法"的第一步，并让我发现治疗每名病患都有七种障碍待克服。

这七种障碍的其中一类与灵魂有关。转世可能会在许多方面出错：灵魂可能选择了一个事实证明很难操控的体型；灵魂可能缺乏用来操控人生的能量，结果长期饱受疲惫之苦；灵魂可能吸收过多创伤经验，导致崩溃和进化过程迟滞；灵魂可能太过敏感，不适应人世间的低频振动和能量。所以，为你的转世做准备很重要，下面的故事就是极佳范例。

珍妮的前世今生

姑且把我的病患叫做珍妮吧！珍妮参加了在马尔地夫举行、为期一周的"灵魂深度探索"课程。在这个精心设计的研讨会中，我教学员如何连结自己今生的意念、开放心胸迎接你的指导灵、请天使来协助你。珍妮是一名二十五岁的德国学生，她的父母送她来上这门课，因为她饱受严重的忧郁之苦，找不到活下去的理由。她父母亲要求我特别盯着她，因为她也会出现妄想症状。一开始，一切都很顺利，珍妮课上得很愉快。但大概在第四天，她开始疏离团体，和自己讨论，不再参与小组聚会。

她时常走进来，传达另外一个世界的讯息，然后又走出去。有些讯息很精确，例如："你们有些人只关心享乐，没有充分跟自己的灵连结。"说完这些话之后，她一一指出有这种心态的人，那些人都觉得很震惊，纷纷调整自己的态度。

我要珍妮单独出列，以奥美嘉规则测试她。这使我有机会连结她"更高层次的自我"（higher self），也就是"内在神性"。建立稳固的连结后，我让她进入催眠状态，然后带领她回到她转世前。这大多需要好几段疗程，有时必须先清除障碍，才能建立深层连结。珍妮很容易被催眠，现在我将与你分享她的三段疗程纪录。

我跟病患一同进行的疗程，证实了麦可·纽顿利用他的方法发现的事（大约有九成）：死亡后，我们回到我们的灵魂家族。这些灵魂和我们一起旅行了好长一段时间，是我们的灵魂伴侣。在另外一个世界里，我们可以创造一个与人世间相似的环境，或创造出诸多前世中的某一段时期。

我带领珍妮回到她死亡的时候和前一世。在那一世，她被卖去当奴隶，在身体和性方面遭受诸多虐待。为了保护自己，她发展出一种精神分裂症，让她能够抽离现状，缩回自己的幻想世界里。她三十二岁就去世了，死后，她需要广泛的治疗，才能准备好面对上师咨询会。她非常憎恨把她当奴隶的那些人，而如今她重新转世，变成了曾经虐待她的那些人的女儿。她的意念原本是要宽恕对方，接受对方的本性，如此她才能从前世的创伤中复原。

现在让我们回到她加入灵魂家族的那一刻。

了解与父母的关系

"我的指导灵带领我来到一栋像露天圆形剧场的雄伟建筑。我一走进这栋建筑，就看见一千多个灵魂分成一个个小组聚集在那里。"（这些小组就是灵魂家族，灵魂数从四到三十不等。）珍妮和指导灵一起找寻她的灵魂家族，此时，她体验到心中的快乐正在增强。她不时遇到认得的人。她跟一个曾经在某一世是她兄弟的灵魂打招呼，很开心再见到对方；再往前，她看见另外一张熟面孔，那是她某一世在中国的气功老师。大部分灵魂并没有特别注意她，但有几个跟她打招呼，几个则跟她的指导灵打招呼。然后她开始见到越来越多熟悉的灵魂，他们跟她打招呼，向她招手。她看见曾经是她姊妹的某个灵魂，便跑向对方，问候她，拥抱她，亲吻她（在她的累世累劫中，这个灵魂是她的活泼版)。

她的指导灵打断这个开心重聚的场面,告诉她还会有许多时间可以叙旧。她来到自己的小组,看见她今生的父母,也就是前一世虐待她的坏心奴主。他们赶紧迎向她,拥抱她。他们对她说,她选择了这么一个艰苦的人生,让他们觉得很骄傲,他们从她身上学到了很多。

对珍妮来说,发现她的前世是刻意选择的历程,实在令人讶异。没有怒气、愤慨或憎恨,只有爱和慈悲。她了解她选择那一世的目的是要变得更坚强,同时学习如何保护自己的灵魂。此外,她也了解自己在这方面的表现非常成功。她了解她的父母亲负责终结许多奴隶的因果报应,而奴隶选择这样特别的命运,目的在学习当奴隶和被虐待的感觉。大部分的奴隶和奴主在前世都曾经当过奴主和奴隶贩卖商,而且在那些前世里,他们显现的自责或慈悲少之又少,所以他们要选择相反的角色,以体验自己曾经加诸在他人身上的一切。她现在的父母,在今生非常有爱心、非常慈悲,而前一世却刚好相反。现在珍妮了解为什么无论她父母亲再怎么关爱、照顾她,她都极力反抗,他们之间的关系用爱恨交织来形容最恰当。现在的她明白一切,而终于能够了解这些事,让她很开心。跟她父母亲讲完话之后,她回到自己所属的小组,受到热情的欢迎。

我要郑重声明:并不是每个人回去之后都会见到这么一大群灵魂聚集在一起,有些(大约一半)直接回到自己所属的小组,没有看见其他人,或只是远远看见其他人。一大群一起出现的,通常是一起体验同一情境或命运的灵魂。

在另一个世界学习

麦可·纽顿最了不起的发现之一是（我用奥美嘉验证过了）：在另外一个世界里，我们会回到学校。在人世间，读书只是人生的一小部分，而且目的在于为进入社会做好准备；而在另外一个世界，我们所有的时间都用来学习，直到进步到足以执行特定任务。

关于回学校一事，珍妮提供了她的经验：

"我的指导灵护送我到一栋建筑物，建筑物中央有一个八条通道通达的开阔大厅。通道上有门，而每一扇门都通到一间教室。那些门不会全排在一条直线上，因此不会彼此干扰。以我见到的来说，每条通道上的教室不会超过六间。每间教室内有六到十六个灵魂组成小组，这些灵魂都在桌前努力工作。我看了不同的教室，发现有些灵魂一个人做着自己的事，有些则组成研究小组，有时候还有老师在讲课。虽然跟人世间的学校很像，但最大的不同在于：所有学生都积极主动，而且乐在其中。我进了右侧第二个门后方的教室，他们见到我都很高兴。然后我的老师进了教室，他也很开心见到我。他的名字叫祖尼，他告诉我他已经跟我的指导灵谈过了，晓得我刚过完艰苦的一世，问我是否愿意在全班面前谈谈学到最重要东西的那些时刻。我觉得很自在，我在人世间的生活彷佛距离几光年之遥，那只是一段间奏曲，就像在人世间上学要过个周末一样。"

从为几个案例所做的催眠疗程中，我得知学校的外貌有许多种，不过各地的学习体系几乎都一样。通常，你会和自己的灵魂家族合作，准备下一世，并开发创造、治疗、心灵感应等领域的新技巧。很多时候，指导灵也是老师，而因为身份的关系，他们会显得有距离感。此外，他们想让学生们有机会和其他同学打成一片，在没有人监看的情况下表现自己的本质。这种态度可以促进同伴情谊，且有助于发掘新才能。这些学校里的学习状况与人世间类似，比起老灵，幼灵比较爱玩、容易分心、较不主动，但另外一个世界的学校最大的好处在于：所有老师都极有耐心、极其慈悲。

现在回到我与珍妮一同进行的第二段疗程。在此，她描述上一世她去世以后，在另外一个世界学习。她告诉我她到一间图书馆去研究自己的累世，那间图书馆像人世间的图书馆，有许多书架和书籍，但另外一个世界的图书馆比我们人世间的图书馆大上许多，还有指导灵协助灵魂重新探讨模式和主题。珍妮的名字出现在她的习作本上。此外，有人对她简短重述她转世那段时期的要点。图书馆里有研习用的书桌，有特别的图书馆指导灵，他们知道图书馆的一切，以及人世的习俗和历史。他们通常不多话、很含蓄，不会私下探听调查。有些学生由他们的指导灵带领，有些学生自己一个人来，不懂的就问图书馆指导灵。在这座图书馆找到的信息类似阿卡莎纪录的内容，这份文件包含人世间曾经发生过的所有事件，包括事情发生的原因、失去转机的关键何在，以及未来可能的情势。知道这些事并不是要谴责或惩罚我们——不像许多宗教和教义要我们相信的那样——它只是要把重点概略叙述出来。

在学习的过程中，珍妮清楚知道她有宽恕方面的问题，而且有好长一段时间，她都带着怨恨。此外，她似乎有必要在勇气方面多下工夫，这样才能再度独立，而且她需要学习如何打开心胸来接纳爱。她一生有过两次简短的恋爱，但只要对方靠近她，她就结束这段关系。她了解到，由于对新世界心怀恐惧，她会缩回旧有的防御机制中。这种退缩的状况也会由一个事实引发：就灵魂的层次来说，她是用前世的角度来看待她的父母亲，而这种感觉燃起她心中的攻击行为。她害怕相信任何人。

在第三次疗程中，她发现我以前曾经多次出现在她生命中的重要时刻。我通常会轻轻推她，把她推往正确方向，就像现在一样。此外，我们发现她非常敏感，很容易听见指导灵说的话。她要做的是释放心中的恐惧，多冥想，给自己多一些时间。还有，显然她现在有必要起而行，而我们试着找出她这一世的意念。

挑战让人迅速进化

转世之前，有一段长的准备期。就我们所了解，我们一到达另外一个世界，就开始研究自己的前一世。我们希望透过研究自己前世停滞的过程和模式，尽可能让自己做好准备。我们想要得到可以协助我们突破停滞的特质，换言之，当我们在人世间出生时，内在已经具备了这些特质，而我们要做的就是找到启动内在能力的方法，然后牢记、发掘，把它弄清楚。

你必须知道的是，你拥有实践此生蓝图所需的技巧和才能。在两世之间，你所做的只是把这些特质烧录到你的灵魂里。在你确定能够面对这一切的时候，就可以转世了。其中有几项抉择最难，包括决定哪一种体型和哪一种环境最适合测试你的能力。这些抉择中隐藏许多陷阱，可能会让事情出错。

有个特别的地方让你研究自己的来生，以得到最佳支持，协助你为前往这个三度空间地球的下一趟旅程做好准备。这是转世灵魂的试验场，也是让我们发现非我本性的学校。

在这个阶段，协调取代所有复杂的过程和我们必须做的抉择：符合我们来生意念的"完美"父母、国家、文化、宗教、环境、有影响力的人士、朋友、"敌人"（也就是跟我们之间还有未解决问题的人）、灵魂伴侣、未来伙伴、孩子、家人、告诉我们方向的指路明灯、指导灵、转折点、与其他灵魂的协议和承诺、如何找到彼此等等。这令人震惊、困惑，几乎无法抵挡。

每年，我会在我的研讨会上遇见数百人，并回答各式各样的问题。我经常听到有人表示他们的人生有多艰苦，挑战不断出现，似乎永无止境，而且他们完全无法抵挡。

所以，知道你曾经共同创造这些境遇和挑战很重要，因为：

1.（经过一百多年的训练后）你确信你内在的所有特质能够克服任何挑战。

2. 你希望在灵魂的进化上来个大跃进，希望高速前进到某个卓越的层次。

3. 你知道你可能需要的所有帮助都会适时出现，而且在内心深处，你晓得你就是希望事情这样发展，你最优先考虑的是迅速进化。

所以我的结论是：路途上的挑战越大，你会越坚强，否则你不会选择这样特别的路。你的挑战在于，你低估了自己的"马"的疲惫程度，以及因此衍生出来的所有突然的转变。你会觉得自己好像无法操控，好像已经走投无路了。

我要教给你的方法可以协助你更容易放下，同时帮助你释放情绪和过去的事件。关键在于我们要学会如何在灵魂旅程中享受这些永无止境的学习时刻和洞见。有时候，我们渴望有个停工期，而一旦掌握到连结内在寂静的艺术，就更容易达成这个渴望。所有绝望的人都会（暂时）无法连结内在的平静，因此知道我们选择来到人世间是出于坚定的信念，相信自己可以处理一切，就很重要了。我们不可能在违反自由意志的情况下，被迫来到这里。

我们很清楚这个事实：我们的弱点、合适性、意志力、信念系统、坚毅、诱惑、迂回、分心等等都会受到考验。我们选择最想学习的课程，是你——而且是你一个人——决定你希望此生要在灵魂的哪个面向下工夫。不管你在人生中遇到什么样的灾难，都怪不了别人，因为是你选择要经历这些挑战的。

你可能要彻底改变原本的想法，不再把自己看做环境的受害者，而是要养成这样的态度：每天——即使在最艰难的日子——都是一次成长并变得更坚强的机会。训练自己在一天要结束时，自问一个问题："我学到了什么？"每个挑战都是一次邀请，让你更接近自己内在的光辉。

而对我有帮助的方法是：每天都要设定意念，让这一天变成目前为止最好的日子，怀着感恩、自在而喜悦的心情学习自己的课程，并且永远不准别人用负面的方式影响我的情绪状态。在一天接近尾声时，我会花点时间自我评估，看看这一天过得如何，然后从中取得平衡。

我们再回头谈此生的准备工作，也回到与珍妮一同进行的最后一段疗程。

来世预观区

从许多疗程及麦可·纽顿提供的信息中，可以归纳出："另外一个世界"有一个你能够检视并分析自己人生的空间。你来到一座有一面大型屏幕的建筑物，这面屏幕叫做"目标圈"（Ring of Destination），你会在这里先看见自己的身体。大部分的人描述这个空间是圆的，从地面到天花板都布满屏幕，而这些屏幕会以"全浸入"的影像呈现方式显现你的一生，以及下一次转生的地方。这表示，你被显现你一生影像的屏幕所环绕，而你坐在中间。你会看见未来即将遇见的人、情境，以及你一生可能的情节。

为了完全掌握这点，我必须针对时间这个面向多做说明。未来的剧本是不是已经写好了，可能令人怀疑，然而，我们会看见所有情节，也会看见未来会因我们的抉择而改变。

对"另外一个世界"而言，时间是不相干的。想想看，创造这个太阳系，并为转世而准备这个太阳系，那工程多浩大啊。我们有足够多的机会，可以把这件事"做好"。

要了解这点，最好的方式是：对宇宙而言，所有事件都是同时发生的。另外一个世界有通往过去、现在和未来的通道，你可以看见进化的发展（现在）、过去的连续纪录，以及未来的潜力。

来世预观区里有好几种选择。你可以选择让所有屏幕呈现相同的影像，也可以让影像从幼年时期变化到青春期。而就像在图书馆一样，你可以"参与"影像，感受拥有某个身体的感觉，也可以选择只是在一旁观察。这样做可以帮助你下决定。画面可以随你的意思减速或停格，不过你无法预览整个人生经历，你看到的只是开始阶段，如此才能针对这样的人生做准备。至于后半生，你只能看见片段。

宇宙的其中一个法则是：如果"知道某件事"对你而言很重要，你就会看见那件事。但最重要的是，你必须明白自己不应该知道一切，因为你就是要从某些境遇中学习，而如果你已经知道会发生什么事，那么就失去学习的效果了。

我们会预览到七至二十一岁的许多画面，这是最重要的时期，我们就是在这段期间设定自己的人生历程。通常我们只会看见挑选过的画面，其他则维持未知状态。在做出明确的决定前，我们已经跟指导灵及上师咨询会广泛讨论过每一件事，也获得指导，以选择最适合的体型和环境——有好几个选项。另外，有一类特殊的指导者——"时间在线师"（Time line Master）也会提供建言，把我们推往正确的方向。

人生有意思的地方在于：我们有这么多选项，然后最后，我们带着某个意念——精通某些特定主题、学习功课或考验自己——来到人世。这就是为什么我们不必知道所有细节，只须知道幼年时期和当时的环境是否形成我们人生意念的基础，还有为了达成这项意念，我们的身体是否堪用。此外，这点也适用于与他人的关系。这些是建构在"业道报应"的共同创作，目的在解决前世未了结的事情，因此有必要落入"施与受"的业力法则中。

在与珍妮一同进行的最后一段疗程中，我们发现，在她的前前世，她是个埃及望族，嫁给一位有权势的建筑师。在这一世，她自负而傲慢，缺乏慈悲心。当时的她见死不救且狡诈，只寻求提升自己的地位；她的心像石头一样硬，权力是她唯一感兴趣的事。而她这一世的父母亲，当时是她的仆人，她用轻蔑的态度对待他们，没有一丝尊重，一旦他们不再有用,她就把他们赶出去,没有任何补偿。所以她在下一世选择当奴隶,体验被别人拥有的感觉,如此才能利用这样的经验去矫正自己前世的行为。她的父母则扮演奴主的角色,用她从前对待他们的方式对待她。

而在这一世,他们选择进化到彼此相爱、宽恕、怜悯、关爱和尊重的下一个层次。

业(karma)不只是因和果,还与根据我们选择的方向形成我们灵魂、智力和自我认同的过程息息相关。这是许多世逐步演化的过程,因为自负、傲慢、刻薄、冷漠全都必须转化成谦逊、和善、仁慈和怜悯。

灵魂的平衡选择

业的法则和透过爱学习的法则是相同的,然而业常被视为一种惩罚。我们决定哪些情境最能强制摆脱坏习惯,或是学习新技能,例如独立、接受爱、发展人格、意志力和坚毅。对灵魂而言,死亡并不是基于恐惧所做的抉择,死亡只是回家,因为我们本质上是不死的。

对某些大胆的灵魂来说,尽可能体验许多不同的死法相当有意思,所有这些经验最后证明对未来的专长或任务是有价值的。灵魂可以选择以非洲人的身体死于饥荒,或死于口渴、窒息、溺水,或葬身火窟,或遭射杀,或被折磨至死等等。最后,每种死亡的经验都有更崇高的目的，全部归结于我们所做的抉择。

在世时，我们能够改变这些抉择。耶稣基督可以选择死在十字架上或避开这样的命运，而他选择被钉死在十字架上，是因为对他来说，那是一次大跃进，他结束了在人世间的生命周期，才能够扮演新的角色。他在死于十字架上的过程中，开启了一系列业力反应，甚至到今天都还感受得到。他唤起了数百万人，替其他灵魂开启许多崭新的大门，让他们能够在自己的成长路途上往前大步跃进。

自由意志和命运（事先设定的目标或结局）似乎是相对的两面，实际上并非如此。当我们对特定的转世有某个意念，就会根据自由意志选择我们的目标、成就某事。我们甚至有能力将其他选项缩到最小，这样才能够几乎确定达到目标。有些时候，只要有必要的工具，我们可以改变自己的命运。也有可能改变死亡的情节，这样我们才能在不受苦、没有疼痛或创伤的情况下，过渡到另外一个世界。

图3

意念发生的时刻（创造者） | 现在——不满意自己的命运或人生 | 我们的目标（未来）

图3显示，我们选择了带着某项意念的特定人生，这个意念是：学习该学的功课，结束"业"的过程。这一生，我们过得非常不快乐。

图4

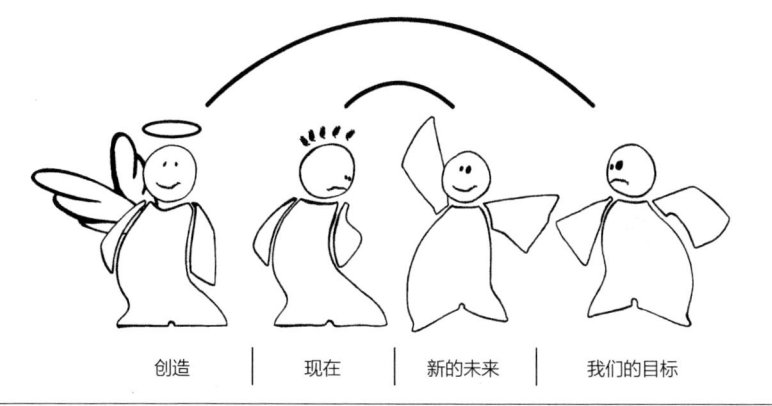

创造　｜　现在　｜　新的未来　｜　我们的目标

图4则显示，我们可以从现在创造一个带着以下意念的新未来：喜悦地体验人生。实际上，现在我们有两个未来，而风险就在于：原始创作比未来的图像强大许多。我们可以一直运用"肯定句"和"观想"，不过却发现没有真正的改变。我们该如何改变未来，同时学到该学习的功课呢？我会在后续的某一章与你分享这件事。

简言之，业的法则和自由意志紧密地结合在一起，而且两者都是平衡法则的一部分。

我们的今生是前世所有好坏经验的累积，我们是自己先前所有决定和抉择的产物，以装载着新机会的新身体呈现出来。我们随身携带正向的特性和特质，不过，这些都埋藏在我们的新身体和新环境创造出来的一层层厚重淤泥下方。我稍后会更详细地讨论这一点。

现在，我要带你回到珍妮故事的结尾。做完第三段疗程后，她了解了所有事情的来龙去脉。她知道为什么她对父母既爱又恨，还带着排山倒海的怀疑感；为什么她断断续续会有清晰的连结、对人生道路的怀疑，以及对承诺的恐惧。她非常开心得知真相，而且决定要加强自己在疗愈和通灵方面的特质，并修复她与父母的关系。

结论

在转世之前，我们会经历一段时期。在那段时间里，我们研究所有的前世，寻找其中阻碍我们学习功课的障碍和陷阱——我们的陷阱有何模式？我们必须加强哪些特质？

然后我们继续在学校接受教育，同时认真培养自己的特质，以及创造力和疗愈力等新技能。接着我们展开那段漫长的挑选阶段，选择体型、父母亲、朋友、熟人和其他灵魂。我们与对方约定，要创造一个符合我们意念的人生；我们与这场游戏的玩家见面，协议彼此在人世间要在什么地方、什么情况、什么方式下相会。此外，我们还协议要用什么方式认出对方。我们看到自己未来的长相、会有什么嗜好、会住在哪个国家。这些信息烙印在我们灵魂的密码里，也因此落入我们的潜意识中，然后我们会被引导，一步步走向我们的命运。我们与指导灵讨论了所有计划的长度，彼此达成协议，同意他们可以用最好的方法刺激、警告、矫正、引导我们朝指定的目标前进。我们不断检视所有计划。

现在一切都编码进了我们的灵魂里，我们准备跳入那个三度空间，跳入不久后会变成我们母亲的那个女人的子宫胚胎里。

经过几年的研究、测试过数百人，我才能够验证上述所有信息。对许多人而言，以下发现令人震惊：我们的学习是无限期的；回到源头是我们最终的命运；我们正走在提供我们许多经验的旅程中，这些经验带给我们的不仅是知识；我们得到深层的智慧，这多亏了向度和向度之间的许多陷阱，把我们锻炼得慈悲而坚定；爱终究会战胜一切，并点亮最深沉的黑暗和最变化莫测的困境。走在自我实现的路途上，我们的信心和自信会越来越强，而且不屈不挠。

我希望你看完前面几章后，会提出许多问题。这样很好，因为接下来还有很多东西，我们目前只是搔到表面。

你希望设定哪一种意念呢？我的建议如下：

"我目前的意念是：我发掘自己此生的意念，然后怀着感恩、自在、喜悦的心，完全执行这个意念，并在一路上开放自己，接纳所有帮助的源头。"

把你的意念写下来，然后进入冥想，观想你将这张写着意念的纸交给转世之前的自己，并说出你希望自己的意念是合一。然后将这张纸烧掉，烧出来的烟就隐喻着转化和净化。

第三章 试水期：灵魂邂逅身体

我们到底是在什么时候、以什么方式转世，是许多问题的源头。在这一章，我会试着厘清这整个过程。

经过所有的训练、教育、准备，与指导灵和上师之间的商议也结束了，该是转世或与宿主连系的时候了。这情形通常发生在受孕和出生之间，确切的时间通常在第三和第七个月之间，视灵魂的心愿和经验等级而定。我会举例说明这点，但是首先，我希望先探讨宿主的概念，也就是把宿主和灵魂两相对立，视为两个不一样的存在体和创造物。

身体是一个完整的存在，有自己的气质、性格、意志、特质。有些身体新陈代谢慢，或智能低，或很少需要休息，或非常易怒，或情绪化，或对能量、噪音或月亮的影响相当敏感；有些身体不能没有山间空气、阳光或海风；有些身体则是不顾后果、狂野、谨慎、容易上瘾、易受惊吓、忧郁、对添加剂或药物敏感。身体可以透过DNA，从祖先那里遗传到许多东西，例如癌症、过敏、偏头痛、易怒、情绪、冲突、高度敏感等倾向。此外，特定的习惯、信仰和人格特质也都可以在日后程序化。然后有所谓的细胞记忆（不良影响：一团由能量和意念组成的遗传物质），我们会在细胞里带着古老家族的诅咒和家族的业（例如头胎的头胎一定会生病），以及更多我后续会讨论的问题。此外，我们可能还必须面对怀孕期间滥用药物、接触毒素，以及维他命和矿物质不足（例如缺乏叶酸会造成脊柱分裂）的问题。成长中的胎儿对母亲的情绪，以及对身为别人不想要的一胎很敏感。我们的"马"带着他自己特有的性格和敏感性。

所有这些东西完全不同于灵魂和灵魂的转世。灵魂不存在，身体还是可以感觉、思考并存在。

生命第一阶段的伙伴

灵魂准备转世，正在等待与宿主连系的完美时刻。灵魂通常会等到婴儿完全成形（第三个月月底），除非是高度进化的灵魂，希望影响婴儿的DNA，以确定启动适当的染色体。你将会在本书中发现，灵魂和心智都会影响DNA，而这个过程对人生后期的影响胜过前期。灵魂可以影响身体并造就痣，提醒人们前世的创伤。或者也可能造就斑点或胎记，或其他脸型、眼睛或耳朵方面的缺陷。

玛丽亚的故事可以说明这点。她七十二岁，舌头、食道、胃和肝脏都长了血管瘤。她动过十二次舌头手术和两次胃部手术，试图移除血管瘤。她的主治大夫不知道该怎么做才好，于是建议她切除部分舌头，这势必让玛丽亚永远失去说话能力。情急之下，玛丽亚求助于另类医学，最后找到我。我替她进行测试，不久就发现，她显然饱受灵魂记忆之苦。在某个前世，她有过一段不快乐的婚姻，丈夫不断背叛她，和其他女人在一起。为了逃避这一切，她喝下某种酸性物质，结束自己的生命。此举灼伤了她的舌头、食道和胃（可能还包括肝脏）。这是一种非常痛苦而残忍的自杀法，于是，她的灵魂创造了这个血管瘤，提醒她自身尚未解决的冲突。她那一世的丈夫在此生变成了她儿子，而她跟儿子的关系相当糟。她儿子是个同性恋，性行为杂乱，情人一个换过一个，没有停过。玛丽亚十分厌恶儿子的行为，厌恶到切断跟他的所有连系，他们之间已经二十多年没有联络了。

在疗程进行时，她了解自己的血管瘤始于把儿子撵走的前几年。我们一起针对这点努力，直到她能够宽恕儿子在前世对她所做的事，并接受儿子今生的身份。

我只见过玛丽亚一次，而就在我们的疗程结束后，她嘴巴里的血管瘤已经减少了三分之一。在那以后，玛丽亚已经能够与儿子和睦相处，不再受血管瘤之苦。据说她的血管瘤后来几乎全部消失了。经过那次疗程，玛丽亚获得了深刻的理解，你可以想象她现在有多快乐。

另一个热门的主题是堕胎：什么时间可以堕胎、什么情况下不可以这么做。在转世之前，灵魂已经知道怀孕可能会终止。灵魂为了体验在身体里的感觉，才会转世成即将被堕掉的胚胎。我们把这种情况称为"试车"。试车的目的在于习惯陷在身体里的感觉，或是实验新技能。此外，这种现象也适用于婴儿早产死亡。

有趣的是，身体与灵魂之间的合伙关系可以是在公园里散步，也可以是到地狱走一趟。每一个身体对灵魂的转世有不同的反应，身体有自己的体认，灵魂可能被视为寄生虫或病毒，这样身体可能会抗拒灵魂。身体可能会隐藏许多对灵魂有害的攻击行为、忧郁沮丧或负面思绪。有些人甚至体验到这样的双重性，因此觉得自己是两个不同的人，或者有两个方向的力量在拉扯，于是生活在不断的冲突中。

身体有自己生存的智力和需求，灵魂必须在灵魂的需求与身体的需求之间找到创造共生的微妙方法。要让两个存在体均得以发挥，到底是要由灵魂完全掌控，还是两者共享主导权？此外，灵魂有办法操控头脑，让头脑与灵魂更同步。头脑根据生存直觉扫描外在世界，搜寻有碍现状的潜在危险和威胁。改变令人觉得不安，虽然现状颇糟，维持现状还是胜过改变，这就解释了为什么那么多人宁可保有糟糕的亲密关系、可怕的工作或不安全的家，也不愿意满怀信心地跨一大步，选择改变。

身体的"小我"常常会支配一切。假使是这种情况，那就是原脑（primitive brain，头脑里进化最少的一部分）在主导，而灵魂则受到压抑。原脑控制人内脏和身体的反应，它是比较直觉的（原始反应），而不是智性或理性的。有些反应则是经由学习而得到的行为，与原脑交织在一起，例如恐惧蜘蛛症。原始反应可以透过另类疗法治疗，如奥美嘉、情绪平衡（Emotional Balance）、立即释放法（Instant Release Technique）和神经语言程序学（NLP）。

然后，还有影响心灵的生物过程，生物时钟和荷尔蒙就是这个道理。身体有一种内建的生产冲动，有权、有势、有力量的男人会因为DNA程序化的作用，而吸引女人，而女人到了某个年纪会开始觉得需要有个孩子。荷尔蒙的生物化学变化（经前症候群）可能会大大影响心灵。

我们可以看到，身体与灵魂之间关系复杂，会相互影响。我们必须知道：在转世的过程中，灵魂永远不会带着自己所有的能量，他会把小部分能量留在另外一个世界，由灵魂家族照顾。但有时候，灵魂会算错该用来挨过某个局势的能量，这可能会导致长期疲累、高度敏感和虚弱无力等状况。还有，某些头脑的智力有限，而且脑子的线路（硬件）可能会抗拒灵魂这个软件，这会让一切变得十分费力，灵魂需要大量能量才能让过程顺利进行。身体有自己的小我（生存机制），这个小我有一部分被祖先及核心能量设定程序了。

史蒂芬·品克（Steven Pinker）是麻省理工学院的心理学教授，曾任教于哈佛及斯坦福大学，也是《空白石板》（*The Blank Slate*）一书的作者，他的这本著作革新了我们对心智和心灵的概念。几十年来，社会科学界的行为主义者一直灌输我们这样的信条：人类的心灵像"白板"（tabula rasa），复杂的特质少之又少，就像未经过程序化的计算机。但品克和一群志趣相投的科学家反对这套"白板"理论，在品克的著作《语言本能》（*Language Instinct*）里，他表示我们有一部根据基因建立的文字处理器———种指出语言敏感性的机制——这是经过"天择"而演化的，包括了嫉妒和报复等冲动。持反对意见的行为主义者则认为，一切不好的东西都是从空白灵魂的堕落发展出来的，而这个堕落是由环境造成的。此外，演化心理学还提供我们一个比较正面的免死金牌：爱和慈悲也烙印在我们的基因里。品克说："生物学不是我们的终极目标！"而套句凯瑟琳·赫本（Katherine Hepburn）在电影《非洲皇后》（*The African Queen*）里说的话："我们来到人世间，就是要超越自然本性和命运。"

似乎每隔五十年，就有一位哈佛科学家提出一个智力的新纪元。在19世纪末，继达尔文之后，威廉·詹姆斯（William James）指出自然是心智运作的方式。20世纪中叶，局势大变，持相反看法的斯金纳（B.F. Skinner）宣称，出生的时候，心智是张白板。如今，又轮到相反的一方说话——品克表示，心智已经被基因设定程序，以执行特定功能。罗伯·赖特（Robert Wright）的著作《非零年代：人类命运的逻辑》

(*Non Zero: the Logic of Human Destiny*）也很有意思。赖特在 2004 年 4 月 26 日《时代》杂志的一篇文章中，把品克描述成我们这个时代最具影响力的科学家之一。除了麦可·纽顿的"灵魂回溯"催眠所发现的结果可以支持品克的假设，利用奥美嘉法所做的许多测试也支持品克的说法。品克只是还不知道灵魂的影响力。

就百分之九十九的案例而言，在灵魂转世前，小我已经完全运作。小我和灵魂必须合并在一起，成为一体——这样的合并最好在母亲的子宫内进行。你可以把它看做两个小我碰撞在一起，成为人生的伙伴。三维世界的第一个二元性来自灵魂和身体，也就是一个不死的存在体和一个会死的存在体。

图5

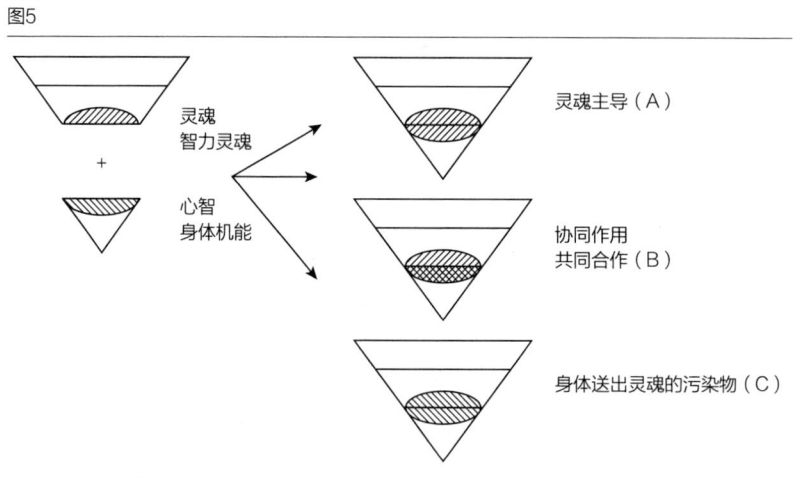

如图 5 所示，有好几种结果：

A. 灵魂完全主导，身体屈服（极不情愿或默默承受）。

B. 灵魂和身体找到协同合作的方式，灵魂也从身体内部的程序学到功课。

C. 身体拒绝与灵魂合作，于是搅乱了自己的方向。灵魂只是紧紧追随着身体，像快艇后方的滑水选手。

大部分案例都是状况 B，灵魂与身体达到相互刺激、彼此报偿的合伙关系，以一个人格，而非双重人格的方式运作。最后身体会死亡，不过会在灵魂上留下深刻的烙印，灵魂想永远记得这份合伙关系。

这种革命性的新概念有其副作用，其中之一就是：传送感恩和爱给作为宿主的身体相当重要，所以不断地否定自己的身体会招致疾病。有些人非常努力、耗费大量精力在自己的外表，千方百计要留住青春：超龄护肤、肉毒杆菌、脸部拉皮、抽脂手术、丰胸、丰臀、注射胶原蛋白、整形、昂贵的维他命。想留住青春，本质上并没有错，如果你采用的方法对你有效，绝对要持续下去。但是你要知道，除了外在的"整容手术"，你还必须重视内在的自己，传送正面的思想、感觉和肯定给你的宿主（也就是你的身体），进行内在的"宇宙手术"。最后，内在的宇宙手术会比外在的整容手术为生命质量创造更多奇迹。结合这两者并没有错，懂得判断这点的人，将会更了解自己与宿主身体之间的关系。

许多人花费大笔财富在化妆品和整形手术上，同时继续跟坏脾气、抽烟、喝酒生活在一起，或用垃圾食物污染自己美丽的身体。这些人往往属于C组合，也就是上瘾的倾向胜过进化的灵魂。

每个肉体都有自己独特的成分和设计，这是神圣的、具创造力的智性创作出来的奇妙作品。人类心智的构想、判断和创作，都是源自心智程序和灵魂进化组合的概念。灵魂的任务在于超越每个境遇。灵魂有个寻求完美（平静、和谐、爱）的内建程序或罗盘，灵魂个别的独特性格使他能够影响物质世界，并经由在人世间的凡人经历创造平衡、平静及和谐。这是所谓的超越。

灵魂是光的表现，是从光创造出来的。本质上，开悟也不过是完全了解爱、美、想象力和慈悲的蓝图精髓。

有些灵魂选择同时存在两个身体里，我们称之为平行生存（parallel living）。这种情况相当罕见，因为同时驾驭两个身体是相当复杂的。这些灵魂和其他灵魂一样，将剩余的能量留在灵界。这些剩余能量对人世生命的污染免疫，"内在神性"（或称"灵"）连结的就是这份蓝图。在奥美嘉疗法中，我们运用这份蓝图进行治疗。

另外还有一个很有意思的地方：当我们死后，这部分能量会在隧道末端与我们相会。当我们设定一个意念，并将这个意念交给仍留在家里的那部分能量，我们就与为此生设定的原始意念相连结，并且和这些意念共同努力（图3及4），这就增加了我们成功的机会。

我们不可能带着百分之百的能量转世，这样的冲击太大，身体无法应付，神经系统会遭到严重破坏。过动儿拥有难以置信的大量能量，想象一下：如果将这股能量加倍，会变成什么状况——他们会一跳撞上天花板。如果能量是原来的三倍，过动儿可以一跃跳过两层楼高的房子。我想，父母亲会被只需要两小时睡眠的小孩搞疯。再者，那么多的能量会让身体变得无力，没办法对整个过程有所贡献，结果会无法完成业力功课。

驾驭头脑这项挑战，是学习过程中一个有价值的面向。此外，如果我们带着更多能量转世，也会带来更多"灵的记忆"，那么人生这场游戏会变得太容易，功课会变得太简单，就像把十岁的孩子送进幼儿园一样，他会觉得无聊、愚蠢。每个人生都提供艰难的挑战，让灵魂加强自己所有的面向，变得更坚强。我们可以把灵魂比做一块未加工的钻石，透过施予强大的压力，我们把钻石原矿切割成形状和谐、闪闪发光的醒目钻石。

堵住我们绝大部分的记忆，是为了让这个游戏变得更有意思，充满在复杂中成长的挑战，以及在人世间活过的深度。我们被迫将心灵深处的特质挖掘出来，或被迫更了解自己的勇气、意志力、信心、毅力和慈悲。我们的"健忘症"使我们遗忘了自己失败过多少次，或者我们所有的前世是多么艰难。每一次，我们都怀着崭新的热情重新来过。

先进的灵魂只带着总能量的百分之二十五转世。携带的能量越少，障碍越高，成长空间就越大。自信较不足的灵魂会带着百分之五十到七十的能量，他们的能量比较没有差异，因此需要多余的能量，只是为了求生存。另外一个把更多能量留在灵界的理由是：我们可以在灵界继续我们的学习过程。

一旦转世完成，灵的心智（智力）与肉体的心智之间的互动就开始了。在之后的人生中，这二者会相互影响。

情绪和身体创伤、疾病、负面思绪、电磁应力、毒素和不健康的饮食，都可能耗尽我们的能量来源。尤其负面思绪更是可能造成严重的能量外溢，这是我们必须保护自己免受其干扰的事物之一。而太极、气功、冥想、灵气和瑜伽，则教导我们如何补充宇宙的能量（气、生命力）。我练气功练了好几年，跟我的伴侣玛雅娜一起开发出一种快速补充能量的现代气功，结合了东方、西方和秘传的气功原理。我们用奥美嘉法测试效果，结果显示，在补充储备的能量，以及治疗身体和灵魂方面，这个现代气功的疗效胜过其他方法。玛雅娜把这套方法叫做"真气"：存在的艺术。这个方法很容易透过CD、DVD、书籍和手册，在家里轻松学习。

我们再继续研究灵魂和身体的融合吧！转世的灵魂可以依据进化的层次，治疗或中和宝宝内在的冲突，例如被母亲排拒。而有些身体懒惰而嗜睡，因此灵魂需要更多的能量，才能在这样的体型中展现出力量。

身体与灵魂配对的背后，往往蕴藏着讯息，单是这个面向，就可以找到好几个待学习的课题。因此，评估自己的体型，并找出你的特殊挑战是什么，就变得相当重要。

举例来说吧，我的身体偏爱甜食，而且我知道这对我不好。有时候（尤其在我疲倦的时候），我的身体需要更多盐分。我母亲生了九个孩子，我的体型最大，如果我不留意，身体就会肿胀变大。我的身体容易保留液体（遭逢压力、疲倦、时差及吸取过多盐分的时候），而且有高血压（遗传）、过敏、血糖过低，以及糖尿病的倾向。我的身体需要大量睡眠，而且过了二十二岁生日以后，我的前列腺就越来越大。此外，我还对酒精、人工添加物、味精、蒜头和噪音过敏。然后还没说完呢！我没办法好好坐着，饱受无法专心之苦；我还有忧郁倾向、记不得名字、膝盖和下背部容易受伤——这张清单一定还漏了几项。以前，我的毛病还包括哮喘、窦炎、关节炎、湿疹、过劳、慢性疲劳、高血压、咖啡成瘾、偏头痛、失眠症、消化不良、便秘、痔疮、体重过重、发痒、头皮屑、视力不良、听力不佳、晕眩等等——我一定还忘了某些毛病。我花了好长一段时间才（稍微）能控制大部分的缺陷，这得感谢我在另类医学领域的专业素养。

我从自己这些疾病当中学到了什么呢？它们为我带来了什么？其中的业力功课和学习过程为何？因为哮喘，我经历过大概十二次几近窒息的状况，而我的医生总是协助我度过这些时刻，也因此，我立志要当医生。我想帮助别人，就像我曾经受人帮助一样。而当正规医学无法达到我所期望的神奇疗效时，我便转向另类医学。在治疗别人（包括我自己）这个需求的驱动下，我展开探索，到目前为止已经三十年了，目的在找出这个星球上最完整的医学形式。这样的探索引导我开发出奥美嘉疗法，我把自己精通的所有知识和技术结合成这个独特的治疗形式，而我自己也从这个疗法中获益不少。我治愈了自己的过敏，另外，我刚刚列出的疾病，有百分之九十都已经消失了。

而剩下的病痛需要特别的关注，我已经准备好要针对这一点着力。我已经能够自在地与剩下的这些病痛相处，在情绪上，我觉得自己比以前更坚强，有大约百分之九十八的我是喜悦的，剩下的百分之二较差。我很清楚进化是一段永无止境的过程，我已经学会驯服我的野马（我的身体），骑着它，与它和谐一致。大部分时间，我觉得我们的合作天衣无缝，我的身体有办法面对任何挑战。我已经用生理和心理的方法训练它约四十年，而这十年来，我又增加了情绪训练。我已经解决了会触发我的大部分因子，虽然这一路走来并不容易，不过却教会我纪律和坚韧。此外，我还学会专注在自己的目标上。

在情绪上、生理上及心理上，我都觉得自己比以前更坚强。我的信心大增，而且我请我的小我替我工作，而不是跟我作对（当然，有时候它还是可能跟我作对）。我每天用爱和感恩为自己补充能量，尽管我的身体并不完美，但我很高兴拥有它。

就连最大的挑战——似乎无法克服的挑战——都可能变得有利于你，只要你拒绝放弃，不接受不那么完美的东西，并坚持追求自己的路。把事情的优先级安排好。你选择投资哪方面呢？愿意将金钱花在预防方法和心灵成长上的人并不多，我自己则选择将大半的收入花在这两件事情上。我继续自己的旅程，深入的程度是以前想象不到的，心中非常清楚眼前看不到终点。

生命第二阶段的伙伴

通常有办法做明快决定,并选择快速学习的灵魂,会挑选气质相合的身体,这是一种彼此强制的组合。这样的灵魂常常会对温和的身体踌躇不前,不过有时候,这些速度快的灵魂会为了学习"温和平静",而转世到一个慢的身体里。其他灵魂则在缺乏情绪,或是由理智控制、凡事都以分析为导向的身体里比较自在。有时候,灵魂甚至偏爱沉迷于高速和危险中、不顾后果的身体。而有些组合对灵魂要求太多,可能因此招致挫折。

头脑和头脑的气质会影响灵魂。有些身体充满攻击行为、愤怒、报复、不顾后果,他们往往嗜杀成性、充满破坏力、不尊重他人(认为适者生存)。有些灵魂对这一点极为敏感,因此会染上这样的气质。其他的身体则喜欢生理或心理上的挑战,这是灵魂的一个过程。基本上,我们得到的就是最适合我们生命蓝图或航海图的身体,目标是要创造一个特定的人格组合。一旦来到人世间,就没有回头路,而且我们有责任充分利用这样的情势。总是会有一种管理你身体的方式,而且你永远可以从中学习到许多有价值的功课。

进入阶段

第一次与宿主相遇,是转世中最有意思的时刻之一,宿主的反应可能是友善的欢迎，也可能立即起疑心并拒绝。这个概念很难理解，因为我们实在不太了解身体这个有意识的存在体和它开始出现的时间。灵魂可能遇到的是一个死板、无反应的存在体，然后体验了一种侵入的感觉。

更常见的感觉，是好像处于彼此调适阶段的新室友。有些头脑冷淡、没有感情，运作速度慢，或者智力少之又少。有些身体抗拒任何改变，包括转世灵魂的到来。而经过一段调适期，彼此就能接纳对方。

大部分的灵魂在第三到第六个月之间转世，转世后的灵魂会立即开始检查宿主是由哪一种身体和神经系统所构成。此外，灵魂还会看看能做哪些事，好让这样的过渡期进行得更顺利，以及如何让身体和灵魂之间的关系呈现最佳状态。有些灵魂还有办法做一些轻微的矫正，刺激特定脑叶，为成长中的胎儿带来愉悦。

怀孕是身体和灵魂的整合期，与母亲之间往往有种心电感应的关系，有些母亲比较敏感，或者能以开放的态度看待这件事。灵魂提供胎儿强化过的人格和生命，如果没有灵魂，这个身体就没有更崇高的目的，会被降级到由生存和直觉反应构成的动物界。再者，灵魂为身体做好准备，迎接诞生的冲击，并依据能力，治疗来自母亲的负面情绪和排斥。此外，灵魂还会安慰母亲，这常常是一个微妙的探索过程，尤其是在母亲非常情绪化的时候。灵魂会跟宝宝玩、跟宝宝说话。我们时常看见小小孩（一直到大约六岁以前）会跟虚构的人物或自己对话，这些对话的另一方常常是灵魂，也可能是指导灵或其他存在体。我们也会在身、心两方面均逐渐退化的老人家身上看见类似的行为，还有精神分裂症患者也会跟看不见的人说话。

我希望让读者更了解"转世"这一段人生中非常重要的时期。对许多人而言，我提供的这些信息可能新鲜又震撼。你可能从来没有想过转世过程，而且铁定没有想过我们谈到的两个独立存在体融合在一起，成为合作伙伴的状况。谈到这件事的文件少之又少，就像两世之间那段时期也很少被提到。就我所知，只有麦可·纽顿详细研究过这点，而他是我谈论这个主题的主要信息来源。

作业

如果你很认真，希望充分利用本书，那么请花些时间写下这些问题的答案。

- 关于灵魂和宿主的关系，你什么时候觉得茅塞顿开？
- 关于你和自己身体的关系，你明白了哪一点？
- 事实上，你不是你的身体，你只是暂时使用它。那么你赞同自己身体的哪些特质？又赞同自己灵魂的哪些特质？
- 你现在是否了解，你指定的身体是送给你的礼物，而且它是一项神奇的证据，证明创造它的智性的存在？

- 你对这份礼物有多尊重？有多感恩？你经常传送充满爱意的感谢信号给你的身体吗？

- 你是否提供身体所需的养分，以维持它的健康？你是否会做运动，以确保你在人世间的时候，身体都保持最佳状态？或者你很懒，懒到没有把任何能量输入自己体内？

- 你的身体支配你的程度有多大？例如借着上瘾、需要过多睡眠、焦虑、心神不宁、过动、冷漠、疲惫、生病、忧郁、僵化、恐惧未知、肥胖和饥饿？

- 你的成长受下述感觉困扰到什么程度：太累、太懒、太笨、太僵化、太执着、太冷漠、太不健康、太胖、太丑、太无价值、太没吸引力？

- 你对自己身体的批评和排斥到什么程度？

- 在你的身体疼痛、过重、生病、缺乏活动力的时候，你会忘恩负义到什么程度？

- 你对你自己和你的身体有多满意？

仔细思考这些问题，并评估你目前所在的位置。几经沉思，你会明白自己目前站在某个重大的抉择关头。接受身体和灵魂是两个独立的存在体，并充分利用这点，那么你在心灵成长方面会有大跃进，而且会开始觉得跟自己的身体处得更自在。改变人生的路永远不嫌晚。

我要推荐你以下的意念："我了解我的身体和我是两个独立的存在

体。从这一刻开始,我打算心怀感恩,并喜爱我的身体,而且要更加觉察到身体需要什么东西才能完美运作。只要这一点与我灵魂的进化相符,我会努力给我的身体更好的照顾。"

把这段话写在一张纸上,然后将那张纸交给另外一个世界的你自己。在冥想中感谢你的身体,让那股爱的能量流遍你的身体。举行一场简单的仪式,把那张纸烧掉,然后请你的指导灵支持你、给你力量,让你活出你的意念。每天提醒自己要对于来到这个美丽的星球、存在这个美丽的身体里抱持感恩的心。希望你的这趟穿越时空之旅,会充满喜悦与乐趣。

第四章 淋个冷水浴：欢迎来到三度空间世界

前几章里，你已经深刻理解到死亡、两次转世之间的评估过程和生活、下一次转世前的准备，以及在生命第一个阶段与你的宿主或身体首次相遇的情形。

其中最重要的一个信念是：要知道万事万物都有目的，每一个挑战都是一次学习的机会。了解这一点，你在进化过程中就能够向前大步跃进。所有未解决或未完成之事，都留到来世去解决、去完成。

当我们死后，来到另外一个世界时，往往会过分乐观地看待下一世。这就好比生产过后的母亲尖声喊道:"我永远不要再生了,就这一次,我不要再生孩子了!"然而等到两三年后,疼痛的记忆消退了,她又愿意再生另外一个宝宝了。而每一段痛苦的人世经历过后,都会发生类似的情形,因为回到家、回到祥和中太开心了——那里没有冲突,没有饥饿,没有疾病,没有痛苦,没有战斗,没有受苦,也没有任何让人世生命紧张的事物。在花了更多时间在另外一个世界,忙着为下一世做准备之后,受苦的记忆消退了,因为我们重新注入了热情,对人世间的下一个任务抱持乐观的态度。我们完全忘记当个全然依赖父母的无助人类宝宝,那感受有多强烈。我们会倾向直接跳到人类生命比较有趣的阶段,不幸的是,人类发展的阶段是不可能跳过去的,我们必须从头开始。我们只希望能度过艰苦的时期,存活下来,或者在可以选择享乐的时候,开始享受。人生的第一个阶段可能阴森可怕,而且可能对身体和灵魂造成巨大的影响。

出生是在指导灵和灵魂的引导下发生的。时间(出生日期)、搭配的行星、电磁场和其他力量,对正确的受精非常重要。

一切都是能量:占星术

占星术是古代的方法,出现的时间早于望远镜和计算机。回到古时候,人们利用占星术提供非常精确的见解,到今天都还令我们赞叹不已。玛雅历就是最佳例证——即使经过几千年,玛雅历的精确度还是胜过现代历法。现在，占星家可以利用计算机，在几分钟内取得个人的十二宫图，而不必像从前要耗上几个星期。但十二宫图的诠释和分析，还是要靠占星家的专门知识和直觉技巧。知道出生的确切时间，是任何一种占星法中最重要的部分。灵魂精心安排过这一点，希望在我们的人生意念上发挥最大的成效。去请教占星家是值得的，透过研究你个人的十二宫图，你会发现更多自己的人生意念。

我们的纯净本质是能量，能量连结宇宙，每一样东西和每一个人都是能量。你越能掌握这点，就越能够了解自己，也就越能够影响自己的未来。在本书中，我会提供读者可以激发微妙能量和电磁能量的特殊练习，以加强你的健康和生命力。我们透过意念操控微妙的能量，这些能量形成我们存在的基础，提供我们生命力与健康。在出生的那一刻，我们接收到对自己的生命蓝图有所影响的能量，这让我们对生命的特定能量有所感应。这个影响与银河系、地球的电磁场、重力，以及许多因太阳和月亮形成的无形能量有关。

一出生，你内在的生物时钟便与母亲的生物时钟分离了，而你的地球时钟和生物节奏立即启动，无法逃避。你必须学着与循环周期合作，因为在这些周期之中，你会觉得有时候比较情绪化或比较敏感，却不了解原因，也找不到任何明显的外来因素，除非你熟悉占星术、生物节奏、命理、日夜节奏、月亮方位、潮汐影响、太阳活动、地理影响和电磁变量等等。那就像是与无形的幽灵战斗，唯一的逃脱之路是学着如何应付丢给你的牌。爱因斯坦说："我们能够期望拥有的最美好经验是体验神秘，你运用在光明中取得的知识度过黑暗。所有神秘的经验都与'现实'冲突，那就是神秘了不起的特质。"你必须学会依照自己内在的罗盘航行，因为你不可能了解世上所有事物。你的弱点就是你必须发展的技巧，单单这点就可以设定你的人生之路。

出生创伤

在我运用奥美嘉法测试的一百人当中，至少百分之八十的人在出生时有过创伤经验，而这经验影响了他们整个人生。"出生创伤"可能造成情绪敏感、觉得不受欢迎、觉得不安全，或发生其他症状。

出生创伤会扰乱海底轮（root chakra）的能量，海底轮不协调会出现下列情绪：无力、恐惧（生存或死亡）、心神不定、执着于架构和旧模式、需要肯定、猜疑、要求完美、觉得不安全、没有意志力、觉得丢脸、永远扮演受害者的角色。

这其中，最常见的情绪是觉得在这个世界上不安全。其他创伤性经验也可能导致这种现象，不过出生创伤是最初的创伤，其他创伤则由此向上堆叠。出生创伤因为与母亲分离而扩大，就像早产的情况一样。大部分医院并不特别注意照顾新生儿。

宝宝并不会区别，他们会无条件地爱上提供他们最初需求的任何人，这些基本需求包括营养、清爽（更换尿布）、抚摸、温暖和安慰的声音，尤其最后三项——抚摸、温暖、安慰的声音——最重要。婴儿需要这些才能觉得安全、觉得受到滋养，并因此变得坚强。抑制这些需求会阻碍第二轮和第一轮。

出生创伤的停滞过程

严重的创伤可能导致下列情形：透过物质、爱和赞同来肯定自己，变得好竞争或没有竞争力，不太愿意分享或把一切都给别人，把自己摆在第一位或最后一位（不断接受和不断付出），难以割舍，很难告别旧模式并迈向新世界，永远嫌不够，永远忙着藉由表现得更好或给予他人过量的爱和关注来证明自己。

如果你看出自己处于上述的停滞过程中，那么你应该就是有出生创伤。好消息是，有好几种方式能够帮你排除这个负担。你可以利用冥想，在这个过程中观想自己的出生情景有多么完美，并尽可能重复这个过程，在自己的潜意识中创造另外一个现实。还可以运用正向的肯定句加以补充，让自己觉得在人世间是安全的。

此外，你也可以请教受过下列训练的专业人员：

- 神经情绪整合（Neuro Emotional Integration）
- 身心辅导法（Mind Body Coaching）
- 奥美嘉健康辅导法
- 催眠或回溯疗法

- 花精疗法

我们的出生创伤与好几个因素有关，包括真正出生的时候和后续发生的事件：

- 产钳分娩经常会造成创伤，许多人一辈子头部都很敏感。
- 脐带绕颈可能造成创伤，会导致日后无法忍受任何东西绕住脖子（例如围巾、高领毛衣）。
- 有些宝宝出生后就被打屁股，要宝宝哭出声音来。这会让宝宝相当震惊，他可能会因此恐惧暴力，并对医师和护士产生怀疑。
- 吸宝宝的嘴巴和鼻腔，以及其他的医疗程序，都可能让宝宝觉得不安全。
- 刺眼的灯光、响亮的噪音、排山倒海的情绪、对母亲的第一印象、冷冰冰的房间，这一切转变对于在子宫里安详而平静地待了九个月的宝宝来说，可能太过突然。
- 剖腹生产也可能造成创伤，有时会让人觉得自己不正常，或产生无力感。
- 情绪上难以接近的母亲（包括肢体或智力残障、忧郁、药物成瘾、歇斯底里、刻薄）会对宝宝造成深刻影响。
- 其他诸如缺氧、药物治疗的影响、生产环境、照顾的质量，都可能对宝宝造成创伤。

产后情况

经过来到人世的初次冲击后，第二阶段——适应新环境——开始了。婴儿完全依赖照顾者，然而并不是所有需求都可以得到满足，而且根据灵魂的进化状态和每个人的敏感性不同，这个生产后的第一段时期可能会相当紧张。人类的小孩是完全无助的，全赖照顾者的善心与恩惠。孩子在这段时期得到的爱与关注越多，在日后的人生就会越有自尊和自信。针对这个主题，我有几点提醒：

- 宝宝如果哭了，不要理他，这样宝宝才会变得强壮——这完全是一派胡言，没有根据。宝宝越常得到抚摸、温暖和安慰的言语等三种基本需求，就会变得越坚强。
- 跟宝宝讲话不需要发出咯咯咯的声音，爱、尊重和关注才是关键。以灵魂的层次而言，宝宝懂得你的话，也感受得到你的心。在那个小小的人类婴儿身体里面的，是一个古老的灵魂，即使是有智能障碍的婴儿，他的灵魂都可能比父母的灵魂进化许多。
- 要向宝宝解释一切，对于医生来访或家人前来探视等即将发生的事，都要向宝宝说明并安慰他，这点很重要。你可以运用观想的方式和宝宝沟通，宝宝也会想办法跟你沟通。别着急，慢慢来，接受这样的观念。你可以和你的孩子一起冥想，来做到这件事。

- 孩子的能量对色彩、声音、音乐和能量非常敏感，所以请确保你让宝宝处于柔和的色彩、微暗的灯光和如海洋般有镇静作用的声音中。宝宝睡觉时可以播放冥想导引CD；找些具有安抚作用的水晶和半宝石，放在宝宝的房间里；在墙上挂一些激励人心的人物画像，如甘地、马丁·路德·金、耶稣、圣母玛利亚、大天使米迦勒或加百列，也可以挂一些原始大自然或海豚的美丽图画。

- 跟你的孩子说话，并仔细观察孩子如何反应，以及对什么东西有反应，灵魂会想办法给你线索。多唱歌，并常带孩子接触大自然，或者到动物园、海边、公园。告诉孩子发生在你身上的一切，尤其在事情不对劲的时候。

- 和孩子一起进行疗愈。

世上绝大多数的人并不是在所谓的完美环境中长大的，因为原本的意念也不是这样。所有照顾者犯下的错误都会累积成经验，变成孩子未来找到自己的基础。当我们意识到自己可以做到的一切，就可以加快自己和照顾者进化的过程。最终，每个情境都会用来让灵魂进化。为人父母者毋须为过往犯下的错误觉得内疚，我们能从错误中学到什么才是唯一有关系的。

在成长阶段，我们还会遭遇什么样的事情呢？

- 言语暴力、威胁恫吓。
- 精神、情绪和心理上的嘲弄。
- 身体和性方面的虐待。
- 家庭成员（兄弟、姊妹、父亲、母亲）的影响。其他的影响还来自：学校、霸凌和排斥、照顾者、家人、熟人、朋友、其他孩子的父母、媒体、书本、游戏等等。

心智的形成

信仰、主张、假设、习惯、说出口和没说出口的话、来自环境的意象、家庭成员、熟人、有影响力的人，以及来自学校和电视的知识，会形成我们对这个世界的看法，而我们对人生中发生的事件所赋予的意义也是这样来的。我们的情绪实相未必是发生的事情，而是我们对事情的诠释。

巴夫诺夫（Pavlov）的爱的制约

父母亲会教我们，如果想要"被"爱，我们必须怎么"做"：不可以生气；要乖；要对爷爷微笑；要把蔬菜吃光；要安静，否则妈咪不爱你；别再这么做，你惹我生气了。

日复一日的疲劳轰炸告诉我们必须怎么"做"，人家才会认为我们可爱又有教养。于是我们变得虚伪，学着压抑真正的情绪，以成为举止得宜的孩子。这个对情绪和能量的庞大压抑持续一辈子，对我们的身、心、灵造成很深的影响，甚至因此导致癌症。我们被训练（制约）成适应或顺应虚伪的成人世界。而呈现在孩子面前的却是既具争议性又不一致的形象，这可能会让孩子困惑。例如，父母自己烟瘾颇重，却因为健康的考虑，禁止自己的孩子抽烟；父母言行不一；父母说话不算话；父母彼此之间没有感情，永远不碰触对方，或永远吵个不停；父母爱挖苦人，不停地说一些负面的话；父母连续冷战好几天，或者事情显然没有解决却假装没事；父母其中一方扮演受害者的角色，另一方扮演统治者的角色；忧郁的父母；爱抱怨的父母；爱骂人、爱说闲话、爱撒谎、做事鬼鬼祟祟又虚伪的父母；不断表示自己能力有限的父母；不断交换意见却不关注孩子的父母（这类父母不是太过严苛，就是超级敏感）；既过度保护又怕东怕西的父母。列都列不完。

欢迎来到派对永远不会结束、挑战永远应付不完的人世间。孩提时代，我们是夹心饼干，无路可逃，也因此丧失了我们的自发性、纯真、真实性、创造力和自信。这种事每天都在发生。

自我形象

不用说，上述提到的这些因素大大影响着孩子的自我形象。自尊屈服于负面信念："我不够好，不够聪明，不够美丽，不够有价值。我不应该成功。"成就变得比自己更重要，灵魂上方笼罩了许多阴影：容易被触发、没有理性、冲动地判定一切、过度自卑或过度自傲。自尊是人生建立的基础，自我价值感低落的人，无可避免地会去寻找补偿的方法，或者企图证明自己是个有价值的人。另外有些人则会体验到一种无助的感觉，之后放弃，并变得冷漠无情。

纪律

对大部分人来说，纪律这个词带有负面含意，这点往往可以回溯到小时候的大小便训练。我们被迫让步，才能完成大小便训练。在日后的人生旅途中，这一点发展成对暴力、既有架构、僵化死板和权威的强势反抗。许多人对"必须"或"一定要"等字眼相当敏感，同时排拒任何权威人物。小时候的大小便训练期对一生的影响颇深。

关注和疾病的关系

如果父母亲过于忙碌，让孩子觉得除非生病，否则得不到足够的关注,那么孩子的潜意识就会发展出一套软件程序,把疾病和正面的感觉连结起来。在孩子心目中,关注等于爱,量重于质,所以关注越多越好。这种潜意识程序就是为什么有些人会发展出慢性病的原因——这场病是绝佳方法,可以用来获得潜意识所追求的关注。而当潜意识认为"健康"有负面含意时——例如必须回学校上课、必须担负重大责任或执行讨厌的任务、可能失去照顾者的关注——这场疾病甚至可能不断加剧到无法控制的地步。对潜意识来说,生病和身体不适可以获得关注,并避开健康所带来的那些讨厌的副作用。

这些情况可能会把人生的第一阶段(直到长大成人、离家、独立或发现自己的声音)变得十分复杂,甚至会把你的人生变成活地狱,对年轻和敏感的灵魂造成创伤。在这第一段时期,心智会受到制约,而总的来说,这段期间可能是一辈子的沉重负担。

夭折

对父母亲而言,失去任何年纪的孩子都是无法忍受的事,失去年幼的孩子尤其难熬,会产生许多情绪——混乱、内疚和愤怒。有些人认为这是还清业债,不过,如果失去的是十几岁(或年纪更大)的孩子,那么这些业报法则是用在这个孩子身上,而不是孩子的父母。这对父母往往是与夭折的这个灵魂有约,要教导这对父母某项功课,或发掘某项已经刻在这对父母灵魂中的新技巧。

如果母亲在怀孕四个月之前经历了自然流产，那么这个胎儿身上并未附有任何灵魂。以这个孩子的成长状态来说，灵魂是否附在胎儿身上毫无意义。这个胎儿有他自己的个人身份，但还没有与不死的灵魂体合而为一。灵魂很熟悉整个怀孕期所有的可能性，不过有时候会发生意外，而破坏某一段未来的情节，例如母亲在怀孕第七个月的时候遭逢致命车祸。所有这些可能性都会在转世前先考虑到。

孩子早夭，是转世前就设定好的计划，或意念中的一部分。会失去孩子，与父母必须从这事件中学到的功课有关。

摘要

出生并存活在人世间，对灵魂而言可能是欣然接受，但是对温暖的身体来说，却可能像淋了个冷水浴。尽管灵魂仔细准备过，来到这个三维世界还是可能像脸上被揍了一拳，甚至对灵魂造成损坏。

环境和情势形塑了我们的心智、自我形象，以及我们眼中的世界，而且可能变成在往后的人生中等待超越的沉重负担。所有的负面事件都是经过仔细规划，才摆进人生里面的，这样做的目的在于打开一扇门，让灵魂能够自我疗愈，如此灵魂才能进化到下一个层次。就连最可怕的童年，都有更崇高的目的。

作业

把下列问题的答案写下来。此外,也请写下你打算如何解决这些问题。

- 当你回顾一生,你会如何描述自己的童年?
- 在你的记忆中,最受创的事件为何?最喜悦的时刻为何?
- 在你被养育的过程中,你曾经希望哪些事有不一样的发展?
- 你有什么要责怪父母的吗(父亲、母亲分别回答)?你已经原谅父母对你的所作所为吗?
- 有哪些关于你自己和世界的负面信念,是父母传给你的?
- 你的思维需要做什么样的改变?
- 你的自尊如何?自我形象如何?哪些方面需要改进?
- 你有没有纪律、专注、负责任方面的问题?

意念

对自己的过往、学习到的所有功课,以及从中得到的力量表达感谢,是一个好的意念。你面对的挑战越多,你的灵魂越相信你能处理所有状况。

"我接受并感恩所有挑战及过去学到的功课,这一切带领我来到我今天的位置。从此刻开始，我的意念是：只把我的过去当做我的力量和智慧的证明，我从经验中学习，而且与我的过去和谐共处。"

把这段话写下来，交给从前的你。举行一场简单的仪式，把那张纸烧掉。

愿你得到智慧和力量。

第五章 迷失在『现实』的幻相中：迷宫

不久以前，有一名饱受前列腺之苦长达十五年的四十二岁男子来找我。一年替他检查两次的那位泌尿科医生找不出原因，已经将他诊断为"非发炎性前列腺炎"，或说是无发炎症状的前列腺发炎。针灸、顺势疗法、花精疗法和其他许多治疗方式都帮不上忙，而奥美嘉辅导法带我们找到这件事的关键：他压抑了对他父亲的愤怒。他告诉我，他父亲一直把他当小孩，在心理、情绪和生理上折磨他，而他一直压抑着自己对这整件事的愤怒。

经过一段整合他心中愤怒并宽恕的疗程，我们解决了他百分之九十的不适。而在第二次疗程中，我们发现了另外一桩事件导致的深层问题。他三岁的时候，有一次对着院子里的一棵树尿尿，他父亲很生气，打了他的屁股，还说他变态。从那一刻开始，他的膀胱就出现问题，每当高度紧张，就会释放出大量尿液。

百分之七十因为头疼、背痛、月经问题、膀胱问题、阳痿、疲劳、胃部不适、焦躁、压力、失眠、胃痛等机能问题而去看医生的人，都是这个样子。

每个医生都会研究病情，以排除所有可能的重症，然后通常会得到这样的结论："好消息！我们什么毛病也找不到，你很好，一定是身心失调。我可以开一些药来减轻你的症状。"于是病患没有为自己的不适找到合理解释就回家去了。大部分的人不知道其他更好的办法，便像乖乖的小兵一样，吃着医生给他们的镇静药物。然而影响迟早会出现。

我们知道，能量层次的不平衡会造成生理上的不适，这样的不适并非病毒、细菌、真菌、肿瘤及其他解剖学上的变化所引起的。假使在身体中发现这些东西，我还是不得不说，这些仍旧不是身体不舒服的原因，尽管正规医学认为这些才是真正的病因。另外一则坏消息是：在功能性障碍的病例中，病患的不适都是真实的，人真的有头疼、背痛等症状。

正规医学的医生目前还是认为功能性障碍只有发生在两耳之间的

时候才是问题，这症状不是压力就是忧郁症（透过疾病寻求关注）造成的。我必须承认这样的诊断正确，因为心灵会造成生理上的不适。我们的心与整个身体连结，当我们面对心灵的冲突时，无可避免地就会体验到生理上的反应。所以，每一个尚未解决的问题都是一个等着发生的不适或疾病。每当谈到身心连结，正规医学就无能为力，而且往往会对身体、有时甚至对灵魂造成无法修补的破坏。

我们的情绪实相是我们诠释人生事件的方式。另一方面，这个诠释仰赖的是心智的制约，以及我们为特定经验滤除或新增的东西。我们看待这世界的方式，受到灵魂、小我或心智制约的影响。

身心连结

心智是软件，身体是硬件（神经系统和脑）。心智不仅使用身体这套硬件，还透过其他如经络（能量通道）和脉轮（能量中心）等管道影响身体。直觉上及习惯上，我们的身心已经连结在一起：

忧虑从内在啃噬你。引起溃疡的不是你吃进肚子里的食物，而是正在啃噬你的东西。你的行为令我觉得恶心，让我想吐。这样的紧张情绪使我夜里辗转难眠。

从以上这些叙述可以得到如下结论：心智对身体有深刻的影响。

这个观念已经广为接受。医生希望藉由他们所开的药来安抚心智，却往往只是让身体变得冷漠，还抑制了心智。自主神经系统会调节大部分并非由我们主动控制的身体运作过程，如心跳、呼吸、流汗、新陈代谢和消化作用，而心智会透过神经影响自主神经系统，因此，心智也会影响我们的情绪和免疫系统。神经可以将情绪转化为生化反应，是将每一种情绪与身体连结在一起的身心通讯网。当我们快乐、担心或生气时，特定的神经便会将这种感觉传送到体内的每一个细胞。所以，心智根本是遍布在整个身体里。

另外一套有相同作用的系统是经络系统，大约在五千年前首次发现。这套系统内有运行全身的无形电磁通道，灵敏度高的电子仪器可以量测出这些通道。东方人认为，器官产生的所有能量会透过经络传送到所有的细胞和组织。特定的情绪会影响特定器官：愤怒阻碍肝脏功能，沮丧阻碍胆囊功能，忧心影响胃，不安影响膀胱，而恐惧则影响肾脏。在日常的对话中可以清楚看到这样的关联性：吓到尿湿裤子、发"脾"气、嫉妒到脸色发青、翻肠倒肚地全部说出来。这套能量网络透过电磁运作，速度比生化网络更快。

另外还有一套以光速运作的系统：脉轮系统。稍后我会详细说明。

我们的潜意识心智

心智是个复杂的有机体，有许多分支，每一支都被指派特殊任务。

我们将心智细分成意识心智和潜意识心智，加上灵魂心智（soul-mind）和更高层次的自我（higher self）。

意识心智是我们的意志，也就是觉察当下的能力。我们用这个心智专心看世界、看自己的欲望，用这个心智思考、分析及合理化事物。我们用这个心智专注于自己的意念。

而无法用意识控制的心智叫做潜意识心智，这部分的心智不理会我们，自行运作，就像自主神经系统。潜意识心智是所有自主身体过程（心跳、血压、解毒作用、消化作用、免疫系统、再生现象、循环、呼吸、荷尔蒙平衡）的调节器。这是有必要的，因为不可能用意识心智照顾这一切，然后还有空间留给生命。此外，潜意识心智保留了我们必须记得的信息，记录、处理情绪，调整我们的行为，替我们记录危险并辨识知识。所有好、坏经验都根据我们对它们的诠释归档，而我们的人生历程就被完整地记录了下来。所以，只要改变诠释方式，就可以改变过去，这会改善人生的质量。

在这一切的最上层，我们也带着自己祖先的记忆，也就是人类集体的历史（人类的记忆、形象、行为、教训），或者被称为集体潜意识。此外，我们也跟我们国家、文化的集体潜意识相连结。

还有，潜意识心智会调整流经全身经络的"气"流，也就是说，生命能量的产生、吸收和分布，完全由潜意识心智调整。

记忆

潜意识心智会创造"现实幻相",然后把幻相当做现实,再根据幻相做出反应。但在进一步探讨这些之前,我要先处理"记忆"这个主题。

有些人相信DNA是所有记忆的关键,因此认为轮回转世不可能是事实。每个人都有权力维护自己的主张,不管这个主张的基础是宗教、科学、直觉或谣传。而如果你愿意放开心胸,接纳所有的可能性,就必须剥除目前为止学到的所有知识,勉强自己跳脱任何宗教背景,如此才能用开放的心看到全新的人事物。

所有前世的记忆并非都存在DNA里(DNA只保有祖先的记忆),也并非都可以从人类的集体潜意识中去除掉,目前已经透过回溯催眠、测谎器、特定药物、濒死经验、灵媒、冥想等方式证明了这点。现在正在开发一种特殊的设备,可以让每一个人(包括不相信的人)收回前世的记忆。死了好几世纪的身体,其潜意识的记忆可以带着所有应得的结果,被转移到全新的身体。虽然这样的记忆并不是透过DNA转移,却能够影响DNA,实例包括痣、血管瘤、哮喘、心脏病及肿瘤。此外,我们还会带着在两世之间开发出来的技能来投胎。

我的小儿子乔伊天生罹患哮喘和哮喘性支气管炎,另类疗法把他的发作情况减少到最多一年发作两次。他发作的原因之一是悲伤,当我出差时,他就会发作(我在家的时候几乎不会发生),症状会持续大约五到七天。我们用正规医学结合另类医学来治疗他，如果胸腔严重紧绷，就用吸入剂。2004年夏天，乔伊也一起来参加我在土耳其举办的"灵魂深度探索"工作坊，在为期一周的课程里，我教导学员如何与自己的指导灵、天使和宇宙联系。其中有一个练习是要把自己埋在沙里，只露出脸来，然后与大地连结。乔伊马上看到被活埋的影像，产生了严重的焦虑，急着呼吸。那天晚上，他哮喘发作；隔天早上，我开始用奥美嘉法治疗他，才有办法在没有药物的情况下，在一天之内重新控制住他的病情。我们的做法是让他消除并释放因为遭活埋而造成的可怕死亡过程。乔伊很快就重拾自信心，我从来没有见过他如此容光焕发。

有趣的是，我们每个人都曾经死过数百次——在不同的国家、文化、种族中，也曾经信仰过不同的宗教、学派，曾经贫穷过、富有过，或体验过介于贫富之间的各种身份。我们经历过好几段人生，而DNA的确负责转移尚未解决的冲突、压抑的情绪和不良影响。此外，我们可能还带着其他智能生物的记忆——这些生物来自其他银河系中的行星。再者，潜意识还建立了不死灵魂的记忆，这灵魂走过漫长而艰辛的旅程，带着许许多多的记忆。

灵魂的任务之一是与同一批演员或不同演员重新创造新情境，带我们回到尚未解决的冲突，让我们有机会在当下解决冲突，然后向前大跃进，跨到下一个意识的层次。

记忆的种类

图6

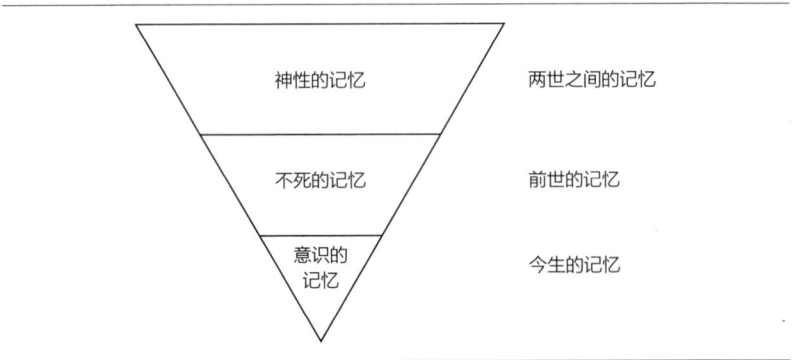

1. 意识的记忆

意识的记忆包含在目前这个脑子里的所有记忆，是此时此地所有与"意识的小我"有关联的事情，在生活中观察并引导人生。意识的记忆受到心智的制约和透过五种感官感知到的信息影响和监控。我们根据原始的直觉、信念系统、情绪实相、自我形象和对世界的看法做出反应。意识的记忆有能力完全迷惑我们，也会因为错误编写的防卫机制，以及透过五种感官观察到的有限信息，而记录下不存在的危险。

2. 不死的记忆

灵魂的记忆似乎透过潜意识浮现，那是今生及前世的记忆。有几世会显得比较重要，因为今生的功课和尚未解决的冲突与那几世的经验相似。

不死的记忆对我们的反应有极深的影响，而且这些记忆填补了意识与更崇高意识之间的缺口。灵魂的意念在于重新创造尚未学习到的功课，如此我们才能有全新的机会。而这么做的终极目标是要一步一步加强我们体验爱的能力。

我们必须学习在没有冲突的情况下生活，学习如何迅速且适当地排解情绪，学习如何更爱自己、更接纳自己——这点也适用于其他人。我们要如何从有条件的爱提升到无条件的爱，最后提升至宇宙的爱（爱宇宙万物）——只有在这个时候，我们才可能为"神性的爱"所用，替其他人打开通往这份爱的大门。一位灵修导师曾经告诉我："我们只需要三件事——练习、耐性和坚毅——就能成功或开悟。"

3. 神性的记忆

神性的记忆包含所有更高层次的意识，这是灵魂所在的位置。当我们谈到直觉、良知、慈悲和想象力时，指的其实是更高层次意识的特质。我们灵魂的永恒心智源自于这种内在的神性本质，目的仅在于体验人生。神性的记忆和智力是观察者，观察着心智和灵魂的幻相。这种记忆和智力是中立的，终极目标在于连结我们的"神性自我"（divine self），这是走出"现实幻相"迷宫唯一的路。只要我们无法连结自己的神性，就会一直迷失在充斥着错乱、冲突、心智偏离、上瘾和身体诱惑的幻相里。

神性的记忆将我们与不死的存在体（例如指导灵、天使和上师）连结在一起，它是灵感（创意和构想）的泉源。我们要学着信任，并允许那股神性激励我们。

神性的记忆记录了两世之间我们真正的自己，还有我们来自何方、去向何处。

潜意识心智如何"保护"我们

人类的身体经过数百、数千年的演化，透过 DNA 和地球的集体记忆，我们仍旧保有几项史前祖先残留的特征。这些特征有些是生理的：不必要的体毛、盲肠，只对急性压力有反应、并遭慢性压力破坏的荷尔蒙系统。

我们史前的根埋藏在与潜意识心智相连结的心理和情绪程序里。人类的头脑经过基因的程序化，以保护我们抵抗任何威胁，并扩大生存的机会——我们的老祖先将"战或逃"反应发展到尽善尽美，一代一代遗留下来。所以在发现自己与老虎对峙时，人类的力量和速度会以十倍数增加。其他残留的特征包括活下去的意志（恐惧死亡）、性爱直觉（繁殖），以及保留脂肪的能力（储存脂肪度过艰困时期）。

潜意识心智里有预防负面或受限信念的程序，这些情绪性的生存机制可能是许多疾病和精神紧张的驱动力，而它们本身也可能导致破坏性医疗。潜意识十分擅长压抑痛苦记忆，如此我们才能得救，不会老想着痛苦经历。这一点与灵魂的目标（重新经历痛苦，直到我们解决该事件，赋予它不同的意义）形成鲜明对比。在神经语言程序学中，我们把重新经历痛苦的现象称为"心智转移"（mind shifting），意思是把痛苦事件的意义转变成快乐的经验。"灵性"是心智转移的终极形式，它就是赋予经验和巧合新的意义，同时寻求与最高形式的智性相连结。

我们大部分人接受的教养方式中有个问题：有系统地压抑情绪，尤其男人的情绪更被视为弱点。孩提时代，你学到显露情绪是不当的行为，尤其愤怒更是禁忌中的禁忌。因此你学会了：在大庭广众之下表达情绪是不好的，除非你的表现得到他人的关注或奖赏，例如祖母送你一颗糖果。

我们都被拒绝过（差别只在对方拒绝时声音有没有提高），都遇过负面反应，都经历过惩戒。拒绝代表失去爱，是不够好、不值得赞美、不漂亮、不强壮、不聪明或没有价值的征兆或现象。因为这些经验，我们的自我形象被扭曲了。这其中最大的冲突在于：是要表达自己真实的感受（冒着被拒绝的风险），还是根据照顾者的规则，让他们以我们为傲，让别人认为我们是坚强、亲切、勇敢、和善且聪明的。

潜意识会把我们与父母、手足、老师、邻居、同僚之间有过的所有创伤经验，深深埋藏在一道强化的墙壁后方，这样我们才不会一直想起所有的伤痛。不过，这些墙壁无法防止经络系统出现能量中断的状况。紧张会集结在体内特定的肌肉和韧带区，这些经络被部分或完全隔离，能量流因而中断，导致能量累积在某些区域（造成发炎、肿胀、疼痛），而其他区域却缺乏能量（造成发冷、僵硬、循环变慢），最后就生病了。

而专门设计来处理伤痛的潜意识情绪程序中，最常见的三项是：

1. 压抑（抗拒感觉）

2. 收缩

3. 限制性信念

压抑

情绪没有所谓的正面或负面，它不过是短暂的能量转移所造成的强烈生理感觉。如果我们可以允许这股能量浪潮存在，把它当做一种生理感觉，不替它加上任何意义，并保持正常而平静的呼吸，就能够用最理想的方式处理情绪。

举个例子。职场上的某人批评你，让你失去平衡。你很生气，于是出现这样的反应：反驳、保持缄默或走开。你为这种情绪贴上了"愤怒"的标签。

如果你不想贴标签，只要去觉察自己感受到什么。你的胸腔、腹部或脑袋里是否感觉紧绷呢？只要感觉，并接受那股紧绷感，吸气，吐气，同时观想一条平静的山溪流入河里、流进大海。感觉你与海洋合而为一，感觉那份平静与安宁。吸气，吐气。

如果可以这么做，那么事情发生后的几分钟内，你就会觉得舒坦。当你能够用中立的观点看待这件事，就可以看出自己在接受别人的批评、回馈、评论或意见时，反应超敏感。然而你没有那么做，你对那件事下了评断：这个人不尊重人、鲁莽、冷酷、粗野、傲慢，于是你做出反应，也因此陷入恶性循环，而这其中唯一受苦的人是你。

运用一些意志力和训练，你就可以掌握住自己的力量，选择保持中立态度，为自己辩护、感谢对方的回馈，并觉得好极了。只有你能控制自己对世界的反应。也就是说，你响应世界的方式是由你决定，而且只有你能决定。

所有情绪都是柔软而短暂的，除非我们压抑或否定这些情绪。如果我们压抑情绪，情绪就会展开它自己的生命，而我们却要赔上人生做代价。我们否定或压抑的每一样东西都会立即影响经络，最后浮现为我们的感受。

我们已经学会（已经程序化）要掩藏自己的恐惧和不安，假装自己大胆又坚强，直到罹患了癌症或其他慢性疾病，却不明原因。每当压抑的情绪被外来刺激触发时，我们就会发现某样东西变得不正常了——心跳失控、口干舌燥、一直跑厕所、不断清喉咙、鼻子很痒、体温越来越高、手掌冒汗。这些都是征兆，表示压抑的程序不再能够阻挡情绪，这些情绪开始影响身体，例如让人失眠、头疼和胃痛。

我觉得奇怪的是，许多人表示如果身上的病痛不再，那他们的人生就完美无缺。但不是有百分之二十的人口饱受恐惧症之苦吗？百分之二十的人口过敏？百分之二十的人口失眠？百分之二十的人口有压力？然后剩下百分之二十的人口得了慢性病，却找不到真正的原因？我认为，说自己身体健康的那些百分之百的人都活在幻相中，他们对健康的看法就是身体没有不适或病痛（因此是幻觉）。但是，**身体没病、没有不舒服，并不表示健康**。

"健康"是一种幸福的幻相。生病的时候，我们渴望重拾自己的幻相，继续生病之前的生活。正规医学的医生一直致力于维持这种幻相，他们所采取的医疗处置往往只是用来让病患有被照顾的幻觉。数不尽的手术、药物和检验其实没什么意义，不过却使"医生知道自己在做什么"这样的幻觉栩栩如生。病患和医生都迷失在现实的迷宫中，一起维护这个幻相。据说，百分之七十以上的疾病都是功能性问题，其实我敢说，应该是百分之九十九。

收缩

掩藏冲突和创伤的另一种有效方法，是把冲突和创伤保留在器官和组织里。灵魂不断努力地将压抑的情绪带到表面来，而潜意识心智却创造肌肉组织和血管的痉挛，把压抑的情绪堵住。这是一种阻止痛苦记忆浮到意识表面的策略。

收缩的例子包括：

- 冠状动脉收缩：心脏病发。
- 肺部收缩：哮喘。
- 膀胱收缩：排尿困难。
- 肠收缩：痉挛、胀气、肠躁症、肚子痛。
- 胆囊收缩：肝胆疾病。
- 脑部血管收缩：偏头痛、头痛、晕眩。
- 血管收缩：高血压。

上述所有疾病都是功能性问题，脚部躁动、失眠、肌肉酸痛和背痛也是同样情况。纽约大学的物理治疗教授约翰·萨诺（John Sarno）只治疗问题最复杂的颈、胸、背、脚部病例，包括二十多年来病情没有改善的病患，以及有疝气、关节炎、脊椎腔狭窄等症状，身体结构明显偏离的病患。在二十五年以上的时间里，萨诺教授治疗的病患超过二十万名，治愈率达百分之八十八，据说百分之十的病患有明显改善。

萨诺教授说，这些疼痛都是因为压抑愤怒，导致肌肉收缩造成的，而不是由情绪本身引起的。他告诉病患不要再吃药，不要再觉得对不起自己，同时要去找出自己愤怒的根源。此外，他还告诉病患要将抵抗愤怒转变成接纳愤怒。

这位教授打破了身体结构不正常会导致疼痛的幻相，他揭开了慢性疼痛的原因：是什么东西或什么人在伤害你？或者，你允许谁伤害你？不过我个人最喜爱这个说法：为什么你要伤害自己？

运用奥美嘉疗法来处理慢性疼痛，我们得到同样的结果，往往一个疗程就可以减轻百分之八十或九十的疼痛。其中的关键就是为连结潜意识生存程序的自主神经系统重设程序。

限制性信念

你对你自己和自我形象的大部分信念，都是由别人输入的。小时候你想当歌手，别人却说你唱歌走调而嘲笑你，或者因为数学或语文科目不好，因为胖、有雀斑、牙齿不整齐或其他事情而被嘲笑，于是你发展出一种自卑情结，进而影响你整个人生。

限制性信念（limiting belief）是我们内在那个评论家的基础。这个评论家不断批判、贬损、否决、批评我们，告诉我们自己是个没价值的人。

限制性信念还会形成我们监控这个世界的过滤器，我们如何回应世界，取决于我们在人生中得到的限制性信念。最糟糕的是，我们的限制性信念是由投射作用、恐惧和评论家本身的限制构成的，它们将这些幻相转移到其他人身上，于是其他人也开始相信这些幻相是真实的。

对猫、狗进行的测试显示，如果猫、狗成长的环境中只有水平线，那它们就无法认得垂直线。多有趣啊！所以，如果父母亲告诉自己的子女，一起玩耍的那些虚构的朋友都是想象力捏造出来的，那么孩子就再也看不见实相了。如果在成长的过程中，你相信所有女人都是懒惰而无用，这就会变成你的实相。如果你从来没见过自己的父母彼此拥抱或深情相对，你就会带着"男女感情就应该是那样"的扭曲印象长大。你的幻相世界就是这样逐步建立的，父母会一汤匙一汤匙地将他们的幻相喂进你口中，直到这一切也变成你的幻相。然后，爸妈没教的，媒体会教你——不管洗过多少次，白色的衣服都要白得无懈可击，彩色的则要保持色彩不变；我们可以怎么吃都吃不胖；抽烟好酷；成功等于昂贵的汽车。

照顾者的用意良善，往往想给你最好的。有时候，他们烙下的印记是对的，但他们也妨碍了你的进化。不过，你会由他们来照顾是有原因的。你和你的指导灵都相信，你可以超越所有加在你身上的限制，脱掉身上的假皮，展现真正的自己。

限制性信念非常固执，需要很大的耐性和毅力才能战胜它们。你的信念会影响你响应世界的方式。

以下是几个负面信念如何制造问题的例子：

- 如果你相信成功和美好的亲密关系无法同时存在，那么这一生中只要你在追求爱情时，也同时追求物质目标，感情就会出问题。爱可能会让你受挫，让你受苦。
- 如果你是在认为自己不够好的情况下成长，就会发现你在感情、事业、友情方面的努力，最后都会失败。

- 如果你对金钱有许多负面信念，例如认为金钱是万恶之源，那么你一辈子都会有金钱问题。

- 如果在成长过程中，父母要求你努力追求完美，那么你一生中承担的每一件事都会让你感到有压力，让你紧张。

- 如果你相信不围围巾会感冒，这件事就会变成事实。

- 如果你相信睡眠少于八小时你会筋疲力竭，这现象就会应验在你身上。

你必须了解，你可以用支持你的目标和灵魂进化的信念，来为潜意识重新编写程序。也就是说，你的潜意识可以重新程序化，以支持你达成自己的目标。

潜意识心智是中立的，它不做决定，而是会遵循内建的信念软件。你可以为这样的潜意识心智编写程序，让它变得健康、成功、快乐，然后你就可以长命百岁，且过着富足而充满活力的生活。你可以整合（解决）自己的负面情绪和创伤经验，如此一来，它们就不会再影响你的日常生活。

摘要

- 百分之七十的疾病都是功能性问题。

- 心智是身体的计算机，透过神经使用硬件（神经系统）；透过经络系统，以电磁的方式与所有器官连结；透过脉轮与灵魂连结。

- 改变你对过去所赋予的意义，就可以改变你的过去。
- 记忆有三种：意识的、不死的（灵魂）、神性的（灵）。意识的记忆与今生有关，不死的记忆与前世有关，神性的记忆则保有两世之间的数据。
- 你的潜意识透过压抑、收缩及限制性信念来保护你。
- 你的潜意识心智可以重新程序化，变成支持你和你的目标，而且它的本质是中立的。

作业

- 写下你所有的限制性信念。
- 写下你所有的正面信念。
- 写下你所有的功能性疾病。
- 你压抑了自己的哪些情绪？
- 你的人生有什么挫折？

意念

"我百分之百相信，我已经准备好要疗愈我的灵魂，而且要采取行动。我的意念是要离开自己的舒适区，随时准备好，如此我才能继续成长，越来越能够从爱、平静与和谐的观点去改变每个情境。"

现在你已经是专家了，知道该如何将这样的意念释放到具有无穷潜力的场域中。愿你在完全发挥潜能的旅途上，充满喜悦。

第二部 寻找你自己

第六章 在黑暗中寻找光亮：转化

"灵性"蕴含庞大商机。在这个领域里，有成千上万种不同的课程、工作坊、书籍、电影、杂志，包括瑜伽、太极拳、气功、另类医疗、花精疗法、灵气、冥想、水疗和有机食物。

一方面，这值得喝彩；另一方面，这条路却也充满陷阱。我欣然接受每一种观念，无意去评断或谴责任何思想体系或学派。就我个人而言，我偏爱实用技术而非哲学概念，我的方法已通过临床测试。我爱讲话，爱牵别人的手，爱灵气、花精、水晶疗法、顺势疗法和神经语言程序学，我经常练习或使用这些方法。不过最主要是因为我是医生，我追求的是身、心、灵方面可评测的成效。因为过动症的关系，我没什么耐性，一直努力找寻立即可见的成效。花十年去治疗听起来很伟大，可是对我而言并非如此。我要见到成效，而且今天就要。这话听起来可能不怎么有灵性，可是来找我的病患并不是要找个灵修大师用圣灰祝福他们，他们付钱给我只为了一件事：成效，而且是立竿见影的成效。因此，我的灵性便成为我所谓的"实用的灵性"。欢迎天使加入我们，共同找到"速效"，我们努力的目标不只是"感觉舒服"而已。

这番话听起来似乎黑白分明，但这是我对灵性的看法。我融合了短期和长期两套策略，短期方法立见成效，长期的方法则让你逐步与自己灵魂的渴望一致（与神性合而为一）。而介于两者之间的，则是改变自我形象的阶段。

- 短期策略处理的是：创伤、恐惧症、情绪、疾病、功能性疾病、疼痛、健康、生命力、感觉舒服。
- 中期策略处理的是：自尊、自我形象、正向强化、爱自己、乐于做自己、接纳目前的境遇、重新设计自己的人生、开心快乐。
- 长期策略处理的是：无条件的爱、让你的灵魂从所有冲突中释放、宇宙的爱和开悟（与你的最高价值合一）。

图7

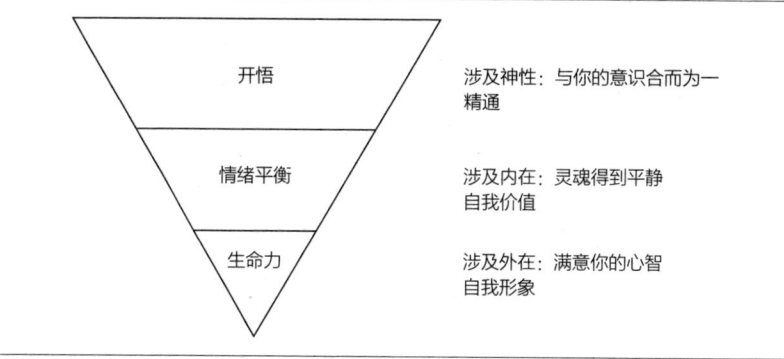

长期目标可以在今生达成。我们从生命力前进到情绪平衡，再前进到开悟（见图7）。对大部分的人来说，开悟是一种超现实的概念，你必须先能够想象何谓开悟，才能达到那样的境界。然而大部分人对开悟（涉及神性）一无所知。

情绪平衡（平静）是情绪智商的一个状态。在这个状态中，你知道没有什么东西是涉及私人的，任何人、任何事都不能摇动你个人的力量（涉及内在）。

而你在这身皮囊中觉得自在是一种感觉舒服的状态，因为一切都发生得流畅顺利。生命对你好，你顺随生命之流（涉及外在）。

阅读本书表示你已经来到了转化的阶段，你正在寻找自己内在的光。你听过许多不同的说法，谈的是同一件事：自我成长、自我觉醒、自我实现、发现真我、忆起你的本性、灵性、持续内在的旅程。

检视灵魂的包袱

出生时,你带着满满的行李来到人世间。现在,我们来检视你的潜意识里带了些什么东西。

如你所见,今生还没展开,你的背包就已经满出来了。如果你运气好,父母在灵性方面都有所长进,就可以帮你卸下包袱。不过,大部分的我们都生在"正常"家庭,这表示,还没向前迈进,我们就先往后退了。

我们来看看你随身携带的行李,这样你就能明白在出生时,你那块板子可一点也不干净。

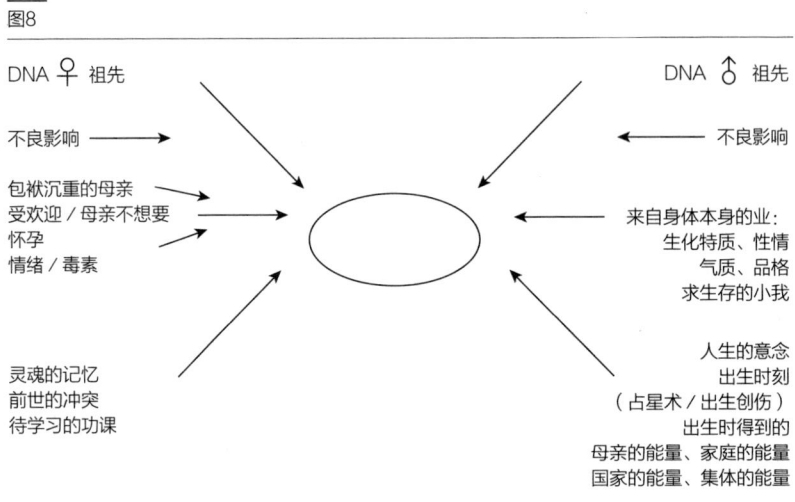

图8

- 来自母亲那一方的DNA:潜在的基因缺陷。(父亲那一方的DNA亦同。)

- 来自母亲那一方的不良影响：遗传的、尚未解决的冲突、情绪、诅咒（负面能量）。（来自父亲那一方者亦同。）

- 母亲的包袱：怀孕期间的情绪和事故。

- 怀孕：不想要却怀孕，或者发现怀孕令母亲很震惊。

- 毒素：尼古丁、酒精、药物、化学制品、毒品。

- 营养不良。

- 身体的业：罪行、智能、神经系统的运作、生物化学、体格、气质、情绪、速度、品格、求生存的小我。

- 灵魂的记忆：前世尚未解决的课题、待学习的功课。

- 人生的意念、人生的主题。

- 出生时刻（占星意涵）。

- 出生创伤。

- 产前事故。

- 出生时得到的照顾与支持。

- 出生后母亲的能量（产后忧郁症）。

- 出生后母亲的本能及照顾。

- 家庭的能量。

- 国家的能量。

- 集体的能量（集体意识）。

这个清单上面的东西可能一出生就在你的背包里，将来你必须超越这些课题。而在你完全超越之前，这些东西会是拖住你的重担，往往还没进步，就先退步了。我把这个叫做第二阶段，现在就让我们来看看这第二阶段。

图9

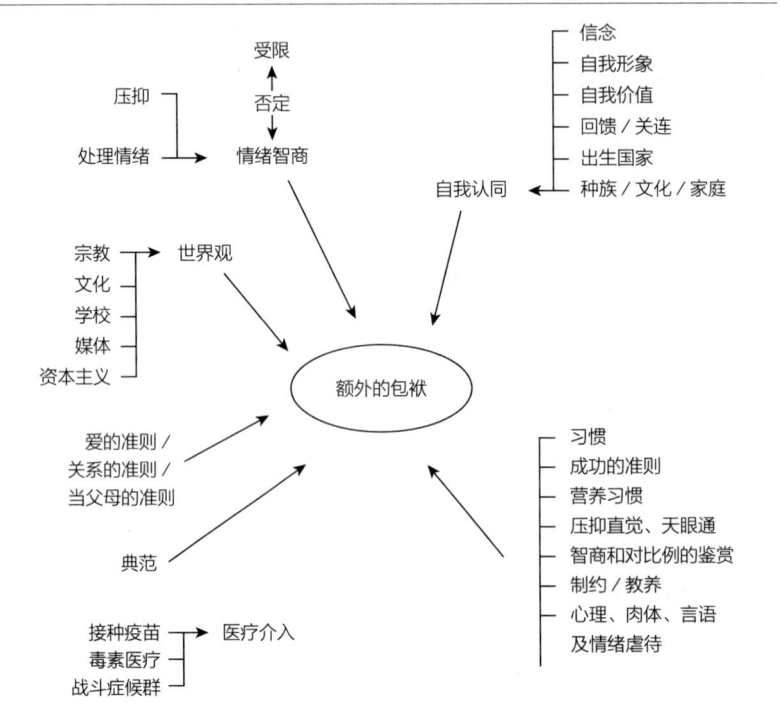

成长期间，我们了解了世界的模样，也学会该如何回应这个世界。我们从照顾者、媒体和集体无知中，发现世界的形象和自我的形象。从图9可以概观这一切。

如你所见，心智受到来自四面八方的信息和影像轰炸，塑造了你的世界观和自我形象。这是你在揭露真正自我的过程中必须摆脱的包袄，而这不是件容易的工作。你对于你自己、这个世界、爱、人际关系、情绪和成功的信念，都不是你的，只不过是压抑你自己所得到的结果。

你的人生是由你的自我认同决定的，也就是你相信自己是什么人，以及要做些什么才能够成功。

我们来研究一下，看看自己是如何努力争取别人的接纳、尊重、爱、关注、认可和确认，以及这样的努力对日常生活有何影响。这些东西你得到的越少，就会越努力追求。当疾病可以提供你上述这些必需品时，你的潜意识便把它们跟疾病拉出正向关联；而当你因为身体健康而必须上学、做功课，再加上缺乏关注（这对你来说是负面的），你便会将健康和活力视为负面，于是潜意识心智便被程序化，让你生病，并一直保持那样的状态。

我们有另外一个选项，就是要成功，以获得别人的关注、尊重、爱、认可和确认。内心的冲突就是从这里开始的。我们想成功，然而我们却破坏了自己的成功，而且经常在黑暗中与假想敌对打。最后，那个阴暗面赢了。而因为这些人成功的阴暗面总是埋伏在角落，于是他们常有金钱、人际关系、体重、运动和冥想方面的问题。

成功的阴暗面

大部分的阴暗面都是信念。

1. 我不能

许多人相信自己没办法成功。他们可能常被吹毛求疵，挑剔每一个小错误，或者父母只看见他们的缺点，或者他们只有在完美无瑕、毫无缺陷的情况下才会得到赞美。他们听过太多这样的话，多到开始相信这就是真理。

在学校里，他们犯下的错误常常会被强调，好的一面却没有，于是便产生了"我不够好"的人生信念——只要不是第一名，我就没有价值；我是个失败者；我不够聪明；我总是犯错；我不像别人那么好。

犯错是自然的过程，事实上，一次就把事情做到完美，是不可能从中得到经验的。这世界是因为她的不完美而显得完美：太多干旱、太多雨水、地震、飓风、太冷、太热、太多这个、太少那个。而最后，一切都会解决。你做调整，从错误中学习，得到回馈。然后，从战场回来的你会变得更有智慧。这就是人生。当你仔细检查你的人生，会发现成功比失败更有价值。你已经成功掌握了以下事物的诀窍：走路、骑车、写字、读书、计算、学习语言、管理自己的事、用刀叉或筷子进食、操作计算机和自动提款机。即使这张清单上的事你少精通了几项，你还是比自己想象的更为成功。你还在读这本书，这本身就是一项成就。

没有人能夺走你的经验。从这一刻开始，你会看清所有错误的观念。你现在明白，自己的经验才是重点：关于疗愈自己的灵魂，你学到了什么；你如何逐步掏空装满情绪、创伤和DNA等等的背包，把重点摆在增加自己在爱和接纳方面的体验，同时了解物质上的成功并不是目标，那只不过是一条可以探索创意和弹性的路径。

你本身具备了成功的一切条件，你所要做的只是把这样的能力发挥出来。

2. 要成功，就必须努力

许多人都很害怕要成功就必须有所牺牲，会有这样的想法往往是因为找错典范。例如，家庭生活因为父母的职业而被破坏，或者爸爸总是把办公室里成堆的工作带回家，或因为工作而取消与家人的约定。

另一部分的制约是学校造成的：要在学业上成功，就要非常努力用功（少玩，多读书）。

我们也别低估双鱼座时代所造成的制约：要苦修、要牺牲才能上天堂，要努力通过业的考验。"没有痛苦，就没有收获"这句谚语最可以概述这种现象。你学会了坚持不懈、有毅力、像男人一样负起责任、有纪律、自由意志、目光狭窄、不断向前、不放弃、工作就有回报、来得容易去得快等等废话。人们欣赏努力工作得到的结果，而不是聪明工作或幸运得到的结果。百分之八十的乐透赢家在五年内把钱花光光，因为那笔钱来得太容易。这真是太疯狂了。美国人有个说法：如果一件事看起来好到不真实，就不可能是真的。

创造有三个层次。

第一层次：努力工作

建立神经系统、创造必须的技巧（热忱）。

危险：醉心工作，耗尽体力。

第二层次：聪明工作

信任你的直觉和宇宙，更有智慧地运用能量（热情）。

危险：延宕。

第三层次：流动，行若无事

把自己当做能量推进器，完全臣服于同步性，有勇气放下。

危险：你可能会把每一个障碍都当做是自己转错弯或太早改道的征象。

如你所见，成功不仅是努力工作的结果，也是在探索内在自我时，一条有教育意义的路。

3. 成功是可以测量的

大部分的人相信，要成功需要运气或极大的耐性。这样的幻觉来自于相信成功必须可以透过地位、金钱、权力、职位、影响力、财产、头衔和名声来测量。在寻求成功的外在肯定的过程中，你认为自己必须永远仰赖他人。但事实上，你必须先与指导灵和上师咨询会一起评估过你的人生后，才能测量出真正的成功。

成功的定义在于：你摆脱了多少包袱、你与自己的神性本质连结到什么程度、你能够体验到多少爱、你能否无来由地觉得喜乐。这段过程可能缓慢，可能快速，就看你愿意花费多少时间、努力和金钱。先不管你人生目标的本质为何，问题在于你与这些目标的本质是否一致。唯有你的意识和潜意识都遵照这个本质，才算是真正的一致。

你每天都可能成功。一天之始，你设定自己的意念；到了晚上，你评估自己成功达成了多少意念，哪些地方需要投注更多注意力。有些人耗尽了体力，于是后退一步，嘴巴上说或心里认为他们不再需要证明自己，说他们很满意自己的生活。他们否定了自己，却自称"注重实际""凡事存疑"，或者我个人最喜欢的说法："脚踏实地"。他们说："看到了，我就相信""我用自己的方式做"，或者"等到了我这个年纪，你们就知道了"。这些都是失去热情、热忱、灵感和创意的借口，不过是害怕失败、害怕失控、害怕释放小我的阴暗面。不幸的是，大部分的人都还处于灵性冬眠的状态，或者因为害怕被嘲弄，而躲藏起来。

简言之，成功是日常生活的一部分。你遇到的挑战越大、挫折越多，就越应该相信自己非常坚强，否则你不会为自己安排这样的人生。

4. 成功就是完美

这完全是胡说八道，而且是阴暗面的一部分。如果我的著作必须完美，那么四十页里面只会出版五页。

你全力以赴，然后你就必须放下。有些人下意识地相信他们没有价值、不够好、不够聪明、不够完美或不够苗条，这样的信念让他们无法发挥百分之百的潜能。你要做的是摒除想要完美的念头，给自己犯错的空间。请把焦点放在想要创造的东西上，并订出你希望看到成果出现的时间表，否则就有可能因为拖延或要求完美，而永远无法完成。

成功是找寻平衡，这表示你不必在任何事情上都表现完美，不过却要将足够的能量投注在亲密关系、事业、健康、社交生活和嗜好上面，把这些区块做好，然后你就会得到快乐。

不久前，我遇见一位中学时代的老朋友，他今年五十二岁，是一名心脏科医生，也是空手道黑带，并在一支蓝调乐团中演奏，有飞机驾照、潜水执照，还有许多嗜好（机车、当辅导员、做生意）。他生活忙碌，却尽情享受人生。他总是满怀热忱、充满热情，热爱他的工作、音乐和运动。并不是每一个人都可以做到这点，除非你选择踏出限制你的箱子，不再局限于今天你是谁、在哪里。

5. 总是有人比你好

成功并不是跟别人赛跑，它是一场只有一名竞争者的竞赛，这个竞争者就是"你"。而你可能失败的唯一理由是：你不再进化自己的灵魂，并把头埋进沙子里装死。

这个世界上的人口已经超过六十亿，一定有人比你更美丽、更聪明、更富有、更好。谁在乎呢？事实上，最好的作家永远写不出一本书，最好的歌手永远不会上台演唱，最好的艺术家永远不会把自己的作品摆在艺廊里展览，最好的运动员不会做运动。每个人身上都有隐藏的才能，它们被锁起来了，等着被释放及开发。不过你是健忘大师，总是拿自己跟别人比较，结果你只会看到贬低自己价值的那部分。事实上，你是独一无二的，只有你可以拥有你的人生；没有你，你的人生就不在了。所以你的焦点应该放在你的目标、你的人生，以及你的生命蓝图上，而不是别人的。

6. 成功是没有灵性的，人们会排斥我

我听过许多次这样的话：别人眼中的我是商业的，是没有灵性的。何谓灵性？我很明确地知道灵性代表接受他人的本性，不批判或排斥。大家都知道我们每个人都有自己的路要走，外在的成功并不会反映内在的成功，而外在不成功也不代表内在就会进化。

灵性是相信你带着使命来到今生。在人生的旅途中，你会发现自己的才能、自己真正的身份、自己来到人世间所要扮演的角色。除此之外，还有在财务、社会或全球成功的空间。你的灵魂会显化在你所做的一切事情上，会以冲突、诱惑、堕落、引发反应的刺激物、上瘾症、灾祸、危机等形式出现在你面前。这就是灵性前来扣门的时候，请记得这一点。对你这一生的评估，不该以你在物质、社会和政治上的努力为基准，而是应该看你学到了哪些人生课题。在享受甜美生活的同时，也有可能学到人生功课。

7. 有钱不好

两千多年来，这世界上有许多宗教都向民众传达"金钱是万恶之源"的讯息。但金钱本身是中性的，是你用钱的方式为金钱的性质下了定义。

金钱会让你恋恋不舍，让你堕落。但不管怎么做，你死后都不可能带走自己的财产。不过，你真正会带到另外一个世界的，是灵魂的包袱。对金钱的依恋会阻碍灵性的成长。我相信所有在这一辈子忘记富足的含意的有钱人，来生都会选择当穷人，这样他们才能了解到有钱人利用自己的金钱和影响力，将贫穷从人世间连根拔除，其实是相当重要的。我们这里讲的有钱人不只是超级巨富，还包括对他人悲惨境遇视而不见的小富人家。我们必须认识到：身而为人，只要富人拒绝与穷人分享财富，我们就没办法进化。

而谈到灵魂的进化，金钱是你目前处于哪个阶段的重要指标。你对金钱有多依恋？你会堕落到什么地步？你显化并吸引金钱的能力有多大？我们一定听人说过他们拥有的够多了，所以很满足，然而这些人却不喜欢隔壁邻居比他们拥有更多。

大部分人都被自己的自我认同限制住了，他们相信工作是赚钱唯一的方法，因此局限了自己，这样的想法将你关在一个小箱子里。我并不是说我们应该把焦点只放在金钱上面，金钱并不是生命的本质，不过，如果我们不快乐，或是有隐藏的才能没发挥出来，就应该在这上面下工夫。我们还应该让他人从我们的财富中获益，并从结构上去帮助对方。

此外，赚钱也可能是发展才能和创意的一种方式。而最终，最重要的是疗愈灵魂。

金钱不会让你快乐，但没钱也不会。金钱问题是离婚理由的前三名；有钱人比较健康，也比没钱的人活得久；金钱不但提供空间，还可以帮助许多人快乐，包括我们自己。显化出金钱就跟在第三世界当义工一样有灵性。灵性指的并不是我们做了什么事，而是在迈向目标的路途上，我们变成了什么样的人。

转折点

我们被设定为要成功，然而却配备了一套阻碍我们达成目标的信念。

- 许多人顺利加入中产阶级：有好的工作、车子、家庭，有够多的存款，每年有两段假期，有退休金、信用卡等等。
- 有些人在成功的阶梯上更上层楼，累积了更多财富：拥有事业、名声、权力、威望和财产，让别人羡慕他们。
- 有些人卡住了，幻想破灭。他们无法清空灵魂的包袱，于是开始相信错误的自我认同：不够好、没有能力等等。
- 有些人不追求成功，接受了自己的命运，满足于自己的身份地位。
- 有些人继续做梦，一再尝试着达到自己的梦想。他们会看书、参加研讨会等等。
- 有些人失意泄气，变得尖酸刻薄。他们遭嫉妒啃噬，于是喝酒、抱怨，还把时间花在讲那些成功者的闲话。
- 有些人在灵性、瑜伽、冥想、气功、太极拳和东方哲学中找寻意义。

你必须先成功，才能发现你所以为的成功条件都只是幻相。拥有许多财产却没有真正的连结，可能让人觉得空虚，你知道还有更多，于是在物质领域之外找寻人生意义。在达到物质财富成就之后，你觉得空虚，有东西开始在内心翻搅，但那个东西并不是你想的那样。

有些人陷入爱的幻相中，但在付出所有之后，却怀着一颗破碎的心站在门外，愤怒、苦涩、挫折。爱的幻相破灭了，倚赖别人不可靠，那份失望可能会触发探究这一切意义的旅程。

在跌到谷底之后——例如发生意外、破产、被开除、生重病、恋情失败、忧郁、上瘾——可能会出现转折点。在最大的绝望中可能出现最深刻的见解。

转折点也可能因为一次深度的谈话、一本书、一部电影、一篇文章、不可思议的事件、憧憬、内在的声音、巧合、一个征象、陌生人传递的一则讯息，以及牧师的布道而触发。

或者可能因为更大的事件，例如濒死经验、出体经验、清晰的幻象、幻觉、昏迷、难以置信的梦境、看见死者的灵体、被附身、听到某些声音、严重精神病、体验奇迹、天眼通传达的讯息、通灵、回溯或轮回转世治疗、深层冥想、做了感觉很真实的梦，以及在手术时离开自己的身体。

还有更多可能的触发因子，例如只是知道或感觉到自己一直卡在某个点，于是被迫找出另外一条路，或者感觉自己不断重复着相同模式。

许多人对未来着迷，想知道未来藏着些什么，为什么呢？有些人甚至去找天眼通，因为他们渴望拥有美好的亲密关系，或是因为在做重要决定时，需要有人指引。也或者，他们是想确认自己是否走对了路，或想知道一再出现的梦境是否为某件事情的征兆。

我们想知道什么是正确的抉择，我们需要有所保证，证明自己的人生有意义。在人生的旅途上，目标和自由意志是两项干扰因素。目标与人生的意念、主题，以及在人生中测试的技巧有关，是我们在转世前写下的生命蓝图。自由意志则引导你走向或远离你的生命蓝图，也左右你在遭逢人生大事和变故时所做的决定。

你手上有所有的牌：探究可能发生的事、做出决定人生之路的抉择和行动。当然，你可以决定不做选择，臣服于你的小我，让小我和潜意识心智设定你的人生之路，那绝对会是一个带着幸存、恐惧，并且需要安全感、他人关注和赏识的人生。你会宁可保有糟糕的亲密关系、情境、工作、友谊和家庭，因为至少那是你熟悉的。为什么要冒着未知的风险呢？

我们许多人都陷在恶性循环里，幸运的话会觉醒，像我之前描述过的那样；不幸的话，就会死亡，没有机会好好厘清自己，于是便回家，为下一次完成课题的机会做准备。

宇宙是很有耐心的，我们会得到许多让自己进步的机会，而这样的转折点会出现在我们探寻自己真正的身份和目的的过程中。

我们是谁？

我们是在地球这颗行星上展开探险旅程的灵魂，以三维的生化有机体的形式存在。我们饱受健忘症之苦，所以搞不清楚自己从哪里来、自己是谁、今生的意念又何在。我们因为执着于人体的限制，而丧失了大部分的技能。许多人了解我们是拥有人类经验的灵性存在体，也知道我们的体验非常重要，但细节却模糊不清，这引发了有趣的辩论。

有一股不断运转的未知力量和同步性在影响你的人生和你所做的抉择。在这样的游戏中，有时候你会超前，但更多时候，你会觉得充满无力感。你该不断自问的是：我现在做的是什么样的选择？有些人允许外在力量来塑造他的人生，在外来的肯定中寻找自己的身份。但只要往内在搜寻，你就会发现自己真正的身份。

当有人问你"你是谁"时，你通常会回答你的名字或职业。但你的身份就局限在名字和职业吗？不！

我是洛伊，出生于荷属安地列斯群岛中的一座小岛。我五十六岁，一直在寻找能够帮助我更加开放心胸的技巧，让我能够表达出在我心中燃烧的那份伟大的慈悲与爱，让我可以释放自己的灵魂，不再受一切下拉力量的束缚，然后与那份爱合一，并将那份爱往外散布到全世界。我动力十足，一心想朝这条路前进，让自己成为"神性的爱"的工具，并希望自己在疗愈、光和宽恕构成的无限的、无条件的源头中得到净化。

这会是我对"你是谁"这个问题的答案。如果要简短回答，那就是"爱"。

花点时间自己回答这个问题。你的答案可能比我更长，就一直写到你满意自己的答案为止。然后把这样的答案用一张好纸写下来，用板子挂起来，或挂在某个你可以每天能看到的地方，以激励自己。

经过了转折点，接下来该是掏空背包的时候了。我们必须找到可以轻松旅行的方法，这不容易。我们需要工具来帮助我们打开背包，一件件抛掉，然后疗愈、整合伤痛，直到伤痛变成中性，不再影响我们的日常生活。我们必须再回到学校，需要计划或策略。在旅途中，我们会无知、健忘、分心，于是我们会在这样的黑暗中找寻亮光，在人世间找寻自己，找寻自己的目的。

作业

回答下列问题，并写下所有的答案。

- 你的转折点是什么？是什么将你带到这条路上？
- 你有什么疗愈自我灵魂的技巧（工具）？
- 当你看着自己的人生，你觉得自己有哪些进步？现在你又会有些什么样不同的做法？
- 什么现象表示你的灵魂正在被疗愈？它替你带来了什么？
- 你在人生中辨识出了哪些主题？
- 你一直在重复哪些模式？
- 你想学习哪些技巧？

继续阅读本书前，先静静回答这些问题，这非常重要。然后请设定你对本书剩余内容的意念，这样你才能从这段经验中得到最多。现在你已经知道设定意念的例行程序，我就不多说了。

下一章再见啰！

第七章 重设心智程序：做你自己的舰长

上次转世之后，我们与指导灵和上师咨询会一起评估了我们的人生。就这样，我们得到了有用的信息，了解了成长与技能，以及须掌握的主题和待学习的课题。在花了一段时间深入研究阿卡莎纪录，并接受大师的指导之后，我们认为自己已经准备好要面对下一次的人世考验。在准备期间，我们从目标圈里挑选家庭、国家、体型和其他重要因子。我们跟父母谈过好几次，讨论即将扮演的角色，然后安排好在人生之路的特定时间出现的关键人物。接着，我们在受孕的第三个月之后转世，与宿主建立共生关系，同时准备降临人间。

出生之后，在人生旅途上，我们会受到创伤、受到制约、幻想破灭、将事情合理化，变成了某个不是真正的自己的人。然后我们开始在这个受限的范围内尝试追求成功，而这无可避免地会与自身抵触。我们迷失在现实幻相的迷宫中，同时在灵魂的背包里累积越来越多行李，并发展出越来越多造成压力的模式。我们开始自问："一切就是如此吗？"成功似乎变得比原本渺小，有些人便迷失在各式各样的危机里：疾病、离婚、忧郁、慢性疲劳。有些人发现正规医学提供了昂贵的创可贴，却提不出真正的答案，于是开始往另类医学的领域探究，或者尝试踏上灵修之路，还有些人则选择阅读对人生有所启发的书。

你已经来到了转折点，内心的旅程已经展开了。现在请掏空你的背包，找到人生的意义。

大部分人都缺乏策略和工具，很难始终如一，坚持到底。在建立情绪平衡的过程中，我提出四个议题：

心智：崇高的自我形象和自尊。

灵魂：从脆弱中建立力量。

身体：将疾病从身体连根拔除。

灵：追求一个更崇高的目的。

在检视图 10 时，你会找到所有成功走向自己的必要元素。我认

图10

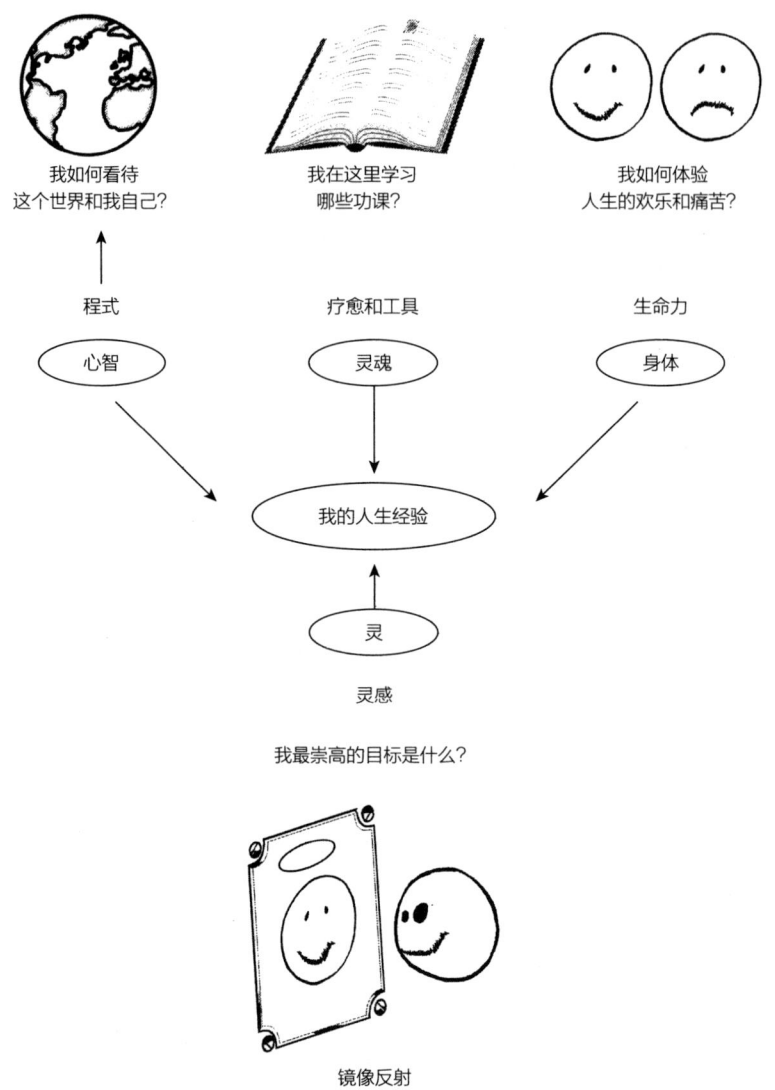

为这是个有效的方法,可以逃离迷宫,重新做回自己的舰长。

步骤一:重设心智程序

自我成长是以你对自己的认知(自尊和自我形象),以及你对世界的看法为基础的。

步骤二：疗愈灵魂的创伤

解决所有尚未解决的课题，如此一来，你最后会将自己的脆弱转化成力量。

步骤三：创造健康而充满活力的身体

我把这个摆在步骤三而不是步骤一，因为不这样的话，你就得逆流而上。享受人生的意思是为身体设定程序，让它跟喜悦协调一致，而这就表示要跟你的身体做朋友，并尊重它。

步骤四：找到你的灵感

与"灵"连结，追求你最崇高的目标，发现你的目的。这不但是对自己的长期承诺，也是一段永无止境的历程。

我会在本章和接下来的章节里陆续说明这四个步骤。

检视自己回应世界的方式

现在我们先来谈谈心智这个主题，我们要学会如何控制它。首先，我们要检视自己回应世界的方式，然后从这个点开始，我们决定自己要改变什么。

我们在图11中看见两种滤器。滤器A是以信念、有限的观察（透过五种感官所得）、世界图像和自我形象为基础。

发生在拉斯维加斯两位知名幻术师席格菲（Siegfried）与罗伊

图11

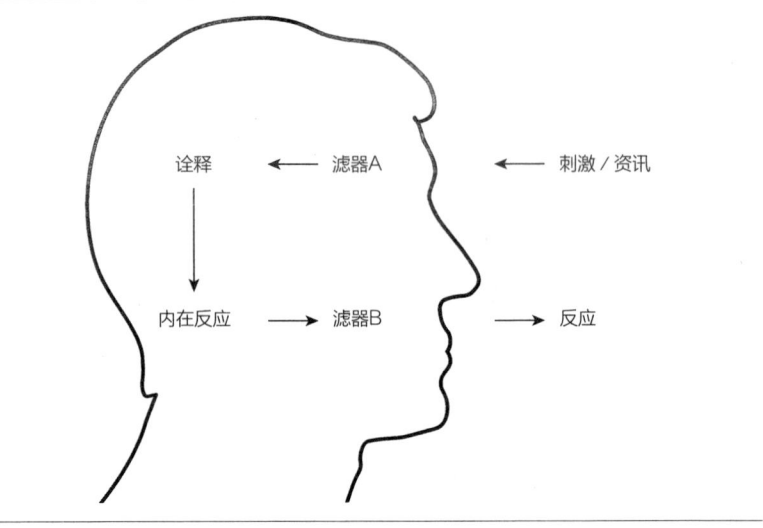

（Roy）身上的那桩意外，是个很好的例子。几十年来，席格菲与罗伊一直靠着惊人的白老虎秀娱乐大众。他们俩拥有世界上最多的白老虎，与这些白老虎共享一栋大宅第，并允许它们在宅第内自由漫步。然而在最后一场演出时，罗伊被其中一只老虎抓住颈部，拖到台下，最后被送入加护病房。这件事发生在 2003 年。席格菲和罗伊对这起意外的说法是：那只老虎是要救罗伊，就像老虎妈妈救自己的小孩一样。然而外界的看法却非如此，大家普遍认为罗伊被他的老虎残忍地攻击。究竟谁的说法对呢？

我们根据对这个世界，以及对我们自己的看法来过滤所有信息，然后输入这些信息并诠释它们，如此便造就了内在反应。接着我们会透过自己的准则、价值观和自尊来过滤这个反应。

举例来说，你的老板批评你的工作，于是你过滤出这个东西："我的老板讨厌我，想方设法要在同事面前羞辱我。"你很生气，觉得被侮辱了，很丢脸，然后你升起这样的内在反应："我要用手提电脑砸他的脑袋。"接着，你会过滤这个反应："如果真的那么做，铁定会被关进牢里，丢掉饭碗。"于是，你给老板的反应是："我会把事情做好，没问题。"事情就是这样日复一日地发生。

投射

滤器 A 的内在反应造就了滤器 B。心智很擅长将自己的痛苦和思想投射到外在世界。如果你相信人是不可信赖的，就会一直找理由不信任别人。

而如果你让别人的看法影响你，就是还没有了解到：每个人都只是透过他们自己的滤器、经验、前世和信念来观看这个世界。允许自己陷在别人的故事里，就等于是情绪平衡的终结。

改变自我形象和自尊

改变自我形象和自尊是一条漫长的路，需要花时间将自己慢慢建构起来，并把建构起来的一切深深安驻在你的心灵。就像花园里的杂草，永远不可能清得一干二净，所以你必须每天到花园除除草，否则杂草一定会再长起来，就像你会故态复萌一样。

故态复萌的例子

戒烟

大部分的人都只靠意志力戒烟，这么做，旧突触会继续存在。结果戒烟约十年后，发生了某件事，可能是离婚、亲人死亡或被免职，于是一天之内，抽烟的习惯又回来了。

运动

大部分的人一开始会每天运动，持续一阵子。接下来是假日休息，然后再过一段时间，他们再也不天天运动了。做瑜伽和冥想等活动时也会遇到同样的情形。

减重

为了减重而节食，然后苗条了好一阵子，体重掉了下去，一切进行顺利。接着不再节食，回到旧的饮食习惯，所有体重又统统回来了。

生病

因为生病而去找寻另类疗法，有人指导你如何吃得营养，如何冥想、运动，很快地，你就觉得恢复健康了。然后你不再注意这些，等疾病又回头找你，你才意识到：要改掉旧习惯，好难。

还有很多例子，例如努力经营亲密关系，通常在一段时间内有成效，接着又故态复萌。其他像孩子的行为、员工在工作上达到更高的绩效，以及人们在灵性道路上的修行，也都会碰到同样的状况。

突触

心智是情绪和自我肯定交织而成的迷宫。我们不断给自己讯息，而我们的脑袋广布线路，可以用最高的速度传递讯息。之所以会这样，是因为突触不断被供给思想和影像。突触是神经细胞之间的连结，这样的连结建立起我们经常或不断使用的电路。我们有下列这些突触：

- 信念。
- 自我形象。
- 内在对话。
- 自尊。
- 对特定事件的反应。

我们为什么会不断故态复萌呢？这只是因为旧行为的旧突触还没有移除掉，而且比新行为的突触更强大。

有人告诉我，在没有意志力驱动的情况下，整合一个新习惯需要三个星期的时间。而根据气功大师的说法，所需的时间是三星期的五倍（也就是三个半月。"气"是指你移动、导引，并存积在体内的能量；"功"则是每天做这件事的纪律）。至少须连续练上一百天，你才能将一个气功练习与身心完全整合在一起。漏掉一天，就得从头开始。

现在我知道为什么了。在一百天内，你会建立起坚固的突触结合体，就像小河需要一百年的冲积，才能建立起深峻的河床，吸引周遭的水流进来。

在继续讨论要如何成为自己心智的船长的实际操作面之前，我们先进一步探讨脑袋的架构。

我们的脑子是体内的一套独特系统，透过神经元，以及促进神经元沟通的"神经传导物质"来运作。单是脑子里就有一百二十亿个神经元，而身体的其他部分还有更多神经元。目前已经证明我们可以记录神经元的活动，并创造新的神经元，这真是好消息。而保持头脑活跃的有效方式包括：观想、冥想，以及对自己说正向的"肯定句"。

重设心智程序必须透过这些神经元，我们得建立新突触。不过，在揭露如何重设心智程序之前，必须先讨论若干陷阱。

重设心智程序的陷阱

肯定句、观想和冥想开启了你的意识。阻隔、破坏和不一致被锁在你的潜意识（软件）里，突触则在脑子（硬件）里。只要你无法对付所有面向，就会很久都看不到结果。我不知道你是怎样，不过我偏爱在三到四周内得到成果，而不是必须冥想十年。

正向的肯定句:"我的秘密"

大部分人会无限期地自我肯定,却没什么用。我在一本谈咒语的书里读到,你必须重复一段咒语十二万遍,才会产生效果。所以如果你一天把一段咒语念一百遍,那得花上一千两百天(三年半)才能见效。真是漫长啊!

导致正向的肯定句无效的原因有几个,它们都与负面信念、批判的心智(内在的评论家)、身体机能和感官有关连。

图12

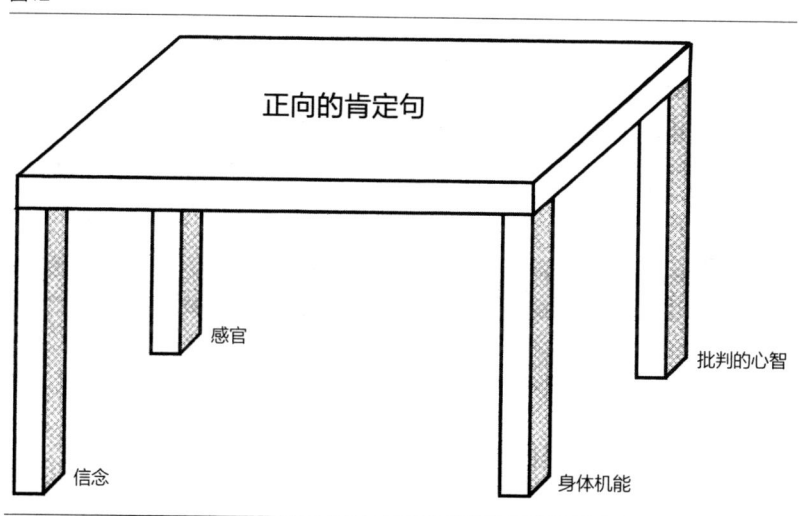

如图12所示,正向的肯定句需要四只脚或四根柱子支持,才能完全整合在一起。就像播种,如果你将种子播在贫瘠且多岩石的地面(负面信念),不浇水(感官),没有保护植物免受杂草或昆虫(批判的心智)侵害,就长不出美丽而强壮的植物。

我举几个例子来说明这点。有个女人想要减轻二十公斤，她站在镜子前面说："我很苗条，我很苗条，我很苗条。"你认为她的心里会起什么变化？她那颗批判的脑袋会笑她："哦，真的吗？我看你是瞎了吧！你整个人那么肥，是在跟谁开玩笑啊！"再加上她觉得减掉二十公斤实在不容易，还怀疑自己有没有不吃点心的意志力，让这一切更是难上加难。

有个忧郁的男人一个人待在家，整天以肯定的态度对自己说："我很快乐，我很快乐，我很快乐。"结果一天结束时，他不仅更累，还比原来更沮丧。他没办法突破忧郁的僵局，而只靠肯定句是没用的。

所有这些现象背后的原因在于：正向的肯定句，没有被正向信念、感官和身体带着走，批判的心智还是很活跃。

我们必须想办法绕过批判的心智这个潜意识的守门员。方法有几个：

- 安驻法：让某项刺激依附在神经系统偏爱的状态中。
- 深层冥想（守门员睡着了）。
- 同时进行某个动作，藉此转移批判的心智的注意力。

接下来要做的第二件事情是：表达支持的正向信念，这样的信念在你的自我认同中注入了你所偏爱的剧情（见图13），例如：我可以做到、这就是我、我值得、这对我有益、我该得到这样的报偿、这是我要走的路。

图13

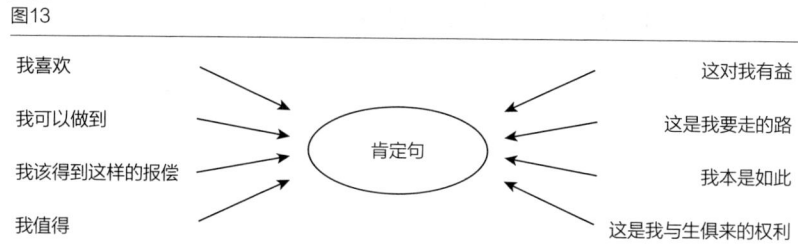

然后第三件事是：我们必须将身体和感官带入相信正向肯定句时的状态。如果想觉得快乐，请记得某个快乐的时刻。

- 当时你的站姿如何？（现在就摆出那个姿势）
- 当时你感觉到什么？（现在就去感觉那个感受）
- 当时你对自己说什么？（现在把那句话再说一遍）
- 当时你是怎么呼吸的？（现在就用同样的方式呼吸）
- 当时你有什么样的眼神？（找回同样的眼神）

再次感受这样的感觉，对你有何意义呢？当"穿上"快乐的生理状态时，你会立即进入连结快乐状态的突触。因为召唤了同样的内在对话和感觉，你不仅体验到心理上的快乐，同时也在心脏和神经系统上体验到生理的快乐。现在你了解为什么大部分人会在正向肯定句、正面思考和正面观想上走进死胡同了吧？

接下来，我将跟你分享"永远改变"的七个步骤，以及轻松做到这一点的另外三个步骤。

"永远改变"的七步骤

步骤一：诊断

开始之前，你必须拟定计划或策略，你的目标应该像玻璃一样清楚。

- 你想从你的人生中排除掉什么？（习惯、模式、痛苦）
- 你想在你的人生中创造什么？（目标：新的行为、健康的模式）
- 是什么阻碍了你？（模式、信念、情绪）
- 你需要些什么才能克服障碍？（技能、信念、特质）

回答了所有问题，并仔细检查图 14 和 15 之后，就可以继续迈向步骤二。

图14

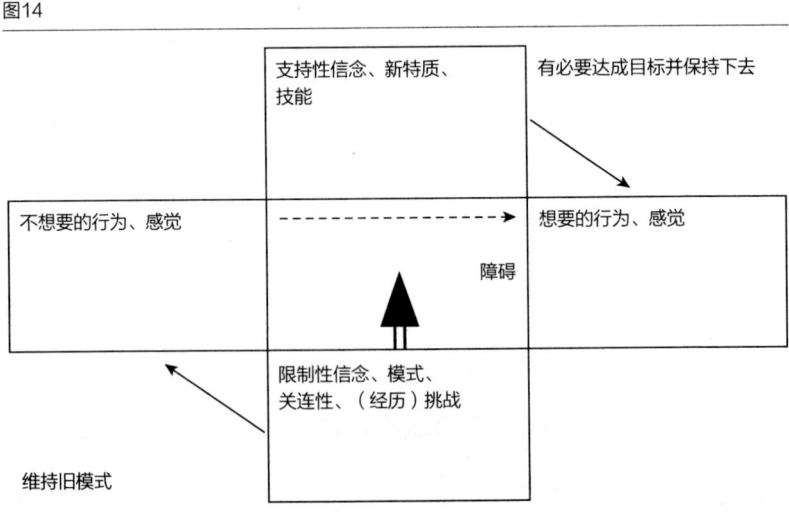

图15

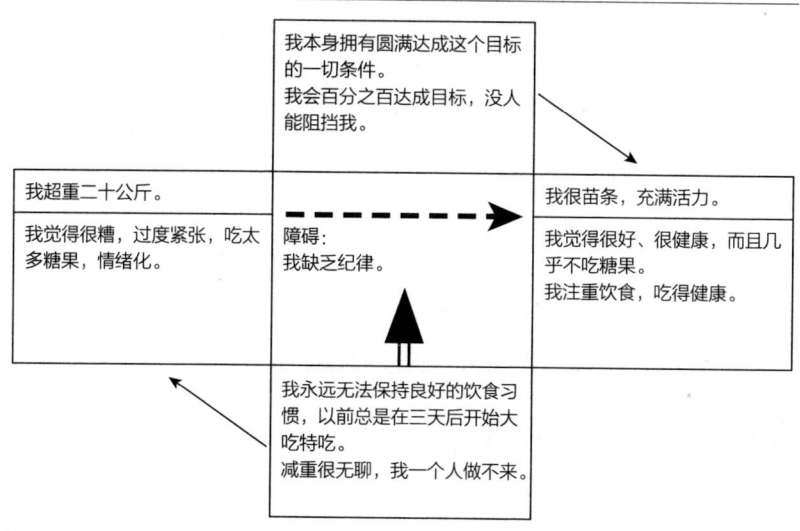

图15所举的例子是一个人想要减重二十公斤,以达到他心中的理想体重。

步骤二:建立最大动机

将不想要的行为连结到极度的痛苦,将想要的行为连结到极度的喜悦,就会产生动机。问一些能够将你从否定中唤醒,让你跟自己的感觉连系的问题,就能够做到这一点。

- 如果不改变,会发生什么事?你这个"不改变"的选择,在一年、五年、十年或二十年内,会对你的身体、情绪、心理和心灵健康造成什么样的结果？

- 如果不改变，你会付出什么代价？如果不够坚强，没办法忍受，于是不断回复旧有的行为模式，你会有什么感觉？
- 如果保持原状，对你的健康和人际关系有何影响？如果不改变，你会变成什么样？你对自己有什么看法？

受够了因为不想要的行为而造成的极度痛苦，同时考虑过所有后果，你会往正面那一边迈进。

- 如果你现在改变，会发生什么事？在一年、五年、十年、二十年内，这些改变对你的身体、情绪、心理和心灵健康有何正面的影响？
- 你内在拥有改变所需的一切特质，而且你有力量，有毅力，无人可挡——对于这个事实，你有何感觉？
- 你在一年、五年、十年、二十年内会有何感觉？到时你的健康状况如何？
- 改变过后，你会变成什么样？你可以提供自己什么样的正面回馈？

如果你正在体验极度的痛苦和最大的喜悦，就会了解是"你"，而不是环境需要改变。问题永远在你，这不是选择，而是唯一的路，你就是需要改变的那个人！什么时候改变呢？唯一的答案是"现在"——不是明天，不是一周内，不是等你准备好，而是现在就必须改变。

只有"现在必须改变"的迫切性出现了，你才会生出动机。你已经因为旧行为受够了苦，你必须感受到这一点，必须看清楚眼前只有这条路可行。这股动机会使你充满活力。

每天问自己上面这些问题，你就会不断感觉到自己动力十足。而关于最大动机的五个阶段，请参阅图16。

图16

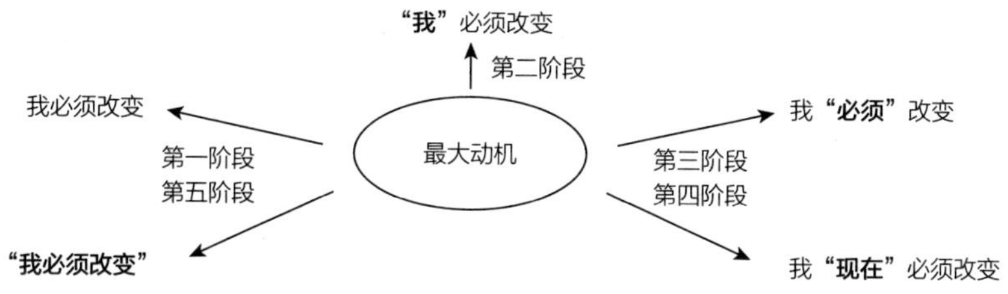

```
                    "我"必须改变
                    ↑ 第二阶段
我必须改变 ←                      → 我"必须"改变
  第一阶段      （最大动机）         第三阶段
  第五阶段                          第四阶段
"我必须改变" ↙                    ↘ 我"现在"必须改变
```

把步骤二用在节食上，可能会出现下面这些现象。

建立最大动机的步骤

- 如果现在不改变，会发生什么事？一年内，我会多出二十五公斤，五年内多出四十公斤，十年内就会出不了门或无法爬楼梯，或者可能中风，身体半瘫。我会觉得自己身体虚弱，很悲惨、很灰心。

- 维持现状要付出什么代价？——健康、人际关系、一迭医疗账单、新衣服和自尊。别人看到我这个样子，让我觉得很尴尬，于是不再出门。

- 我的健康会有什么变化？会生什么病？糖尿病？高血压？心脏病？中风？我的寿命会缩短五到十年，而且最后几年会过得很凄惨。我会觉得自己是个全然的失败者，是只愚蠢的肥猪。
- 如果我现在改变，那会怎样？我会觉得比较舒服，比较有自尊，为自己感到骄傲，觉得自己很棒，看起来很好、很健康。
- 我会变成别人灵感的来源，帮助他们在人生中做出同样的改变。
- 一年内，我会为自己感到骄傲；五年内，我会拥有许多自信，能够面对任何挑战。我是优胜者，然后我要以穿得好、打扮得宜来奖励自己。
- 我要何时开始呢？我必须现在开始改变，没有替代方案。我受够了，谁也阻挡不了我，不达目的绝不罢休。

建立最大动机之后，就可以迈向步骤三。

步骤三：打破旧有的、不想要的模式

有了十足的动机之后，打破旧模式就成了最重要的步骤。搅乱保持现状的突触很重要。一般人犯下的最大错误，就是试图靠意志力去改变，其实这个方法最难。例如，假使想戒烟，就必须用呼吸运动或一杯水，来代替每一根烟。

在打破模式的过程中，重点在于改变生理机能，这样才能改变你朝向动机和策略的路线。观察自己的行为并不容易，不过却可以为这点做准备。如果你是个想戒烟的老烟枪，就必须把烟扔掉，否则只要你还有秘密库存，那就不是认真地想戒烟，是在欺骗自己。

下面列五个可以迅速改变模式的工具。

1. 改变生理机能

站起来，做呼吸运动，让你所有的肌肉变得紧张。我最喜欢的运动之一是用拳头（手的侧边）击打另一手的手掌，先击掌三下，然后换手。重点在于要站直或坐正，然后快速击打，好像在跟自己比赛一样，同时深呼吸，并结合下面的肯定句："我接受现在的自己，爱自己，即使我从来没改变！"

重复这个动作约十二次。做过这个运动后，可以背诵其他的正向肯定句或咒语。而你所摆出来的姿势必须是有信心、有自信、积极正向的，这很重要。

2. 正向的肯定句

这些肯定句只有在你远离批判的心智、呈现正确身体姿势时才会有效。因此，我总是把自己的肯定句与刚刚提到的技巧结合在一起。正向的肯定句包括：我可以做到、我热爱挑战、我一天比一天好、我值得、我该得到这样的报偿、我全心全意、我无人可挡、我的内在拥有改变所需的一切特质、我毫不费力就可以做到、我是优胜者。

3. 最大的动机

把注意力转移到你的目标上，回想旧行为让你受到的极度痛苦，以及你渴望的行为带给你的直接的喜悦。

4. 观想

把注意力转移到目标上：如果现在就达到你所有的目标，你会有什么感觉？感受那股正面能量，想象它越来越强大。将强度加倍，然后想象这股正面能量的光芒扩散到你每一个细胞。

5. 改变你的例行公事

冲个冷水澡，到自家附近走走，跟陌生人聊聊天，往自己脸上泼冷水。

如果你想建立运动的习惯，因此把闹钟响的时间拨快一个小时，准备比平时早起做运动，这样等于宣告失败。除非你把闹钟装到盒子里，用胶带封起来，并把剪刀藏到浴室里，然后贴一张便利贴，上面写着："我知道你做得到！"这样才有可能打破原有的模式。

我们再回头谈节食那个例子。想象你想要打破的模式是吃点心，或是随手拿东西吃的习惯。你可以把所有糖果、点心、巧克力都扔掉，然后在饼干罐上贴一张纸条："没人可以阻挡我！每天我都会赢，体重都会减轻！即使现在也一样！"冰箱上也贴一张类似的纸条。当你很想大吃特吃时，请做做拳头击掌的运动。

如果你现在想着"这一切对我而言太复杂了"，那么这是你的自我破坏系统在说话。如果你想彻底改头换面，就必须一步步照着做。

自怜绝对会带你走向失败,一切的源头就在动机。如果你曾经受过严重的创伤,最好寻求适当的协助。上述步骤已经证明可以在日常生活中成功执行,即使最难改变的人也不例外。

打破模式的额外秘诀

- 下一次,找一条不一样的上班路线。开车、搭火车、搭公交车,几个方式轮流。
- 做些不一样的事情。造访一座你平常不会去的城市,去那里逛街、散步、吃午餐或晚餐。
- 打破日常生活习惯,利用一个早上到林间健行。
- 计划一种你平时不会实行的度假方式。
- 打电话给老朋友,约时间见面。
- 培养一种新嗜好(空手道、弹奏乐器、绘画、种植盆栽植物、陶艺)。
- 带一个流浪汉去吃饭,让他填饱肚子。给他一些现金,至于他怎么花这些钱,就不是你的责任了。
- 找一个可能需要微笑的陌生人聊聊天。
- 买几件你平时不会买的衣服,例如亮色系的、流行的,或不一样风格的衣服。
- 剪个新发型。
- 如果你是男人,试试看一星期不刮胡子。
- 想想看,找出另外十二个可以打破的模式。

打破模式是个方法,可以让你从深陷其中的常规里解脱出来,如此你才能用新的眼光看待人生。

而你的出发点必须是弹性。如果某套策略失败了,请找寻另一套策略。不断改变策略,直到找到有效的策略为止;一旦事情进行得不顺利,就是再度改变策略的时候了。

人生就是无止境的改变。大部分的人寻求维持现状,需要结构和规则来保护自己,最主要的原因就是恐惧改变。结果,大部分人就变得相信自己虚构的信念和恐惧:我很满足、我不需要、到了我这个年纪……好好的干嘛改变?

"一旦我们不再运用想象力,就不再活着,于是每天一点一滴地死去。"说得太戏剧化了吗?这句话出自一位心理学教授,他利用观想的方式,改善了他百分之八十八的病人(棘手病例)的病情。

我建议你开始仔细检视人生,开始打破自己的旧有模式。

步骤四:建立新模式——整合进你新的自我认同里

前面提过,我们必须建立新突触,而方法就是要运用我们所有的感官去观想,这样脑子才能接收到最大量的刺激。图 12 告诉我们,拥有支持的信念系统、运用所有感官,再加上正确的身体姿态,并绕过批判的心智,才能发挥正向肯定句和观想的效用。在步骤三,我们学到如何将新模式深度整合到这个系统里。我们利用左、右拳轮流击打手掌的技巧，并结合正向肯定句。这是我开发过最强而有力的技巧，许多人都在用，小孩子尤其喜欢。

现在我要加进更多信息，这样才能排除旧突触，安置新突触。我们在奥美嘉法里面运用了一项特殊技术，我开发这项技术是为了建立健康、有活力、疗愈、回春、有自尊和长寿的全新自我认同。所有病患都应该采用这套技术，以迅速恢复健康。

这样的改变是永久的，而且是自我认同的一部分。因此，我们必须将这套技术整合到我们的神经及能量系统、我们的意识和潜意识里。

我使用一套系统，结合针灸穴点、肯定句、观想、脉轮整合主穴点（Integration Master Point，简称 IMP），以及与神经系统连结的耳朵反射区。

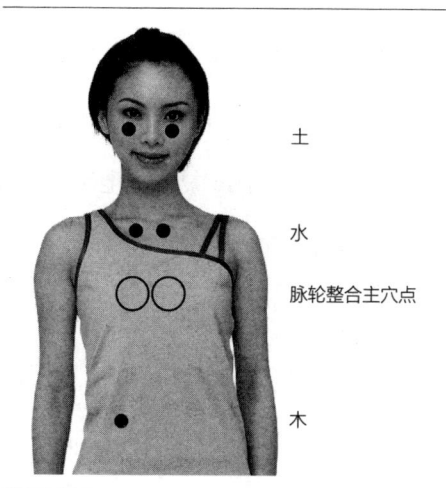

图17

土

水

脉轮整合主穴点

木

五大元素针灸穴点

1. 土：从两只眼睛的中心点垂直往下画两条线，然后在眼睑下方一个拇指处，就是土穴点，很容易找到。土穴点涵盖的范围很广，跟反射点不一样。

2. 水：水穴点位在锁骨下方、胸骨旁边，也就是第二根肋骨连结胸骨的地方。

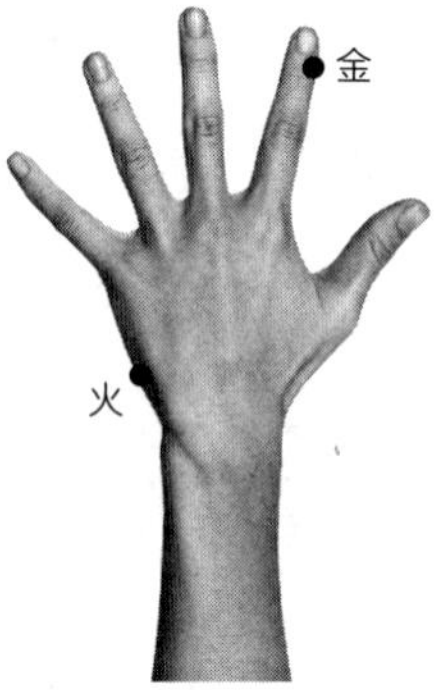

3. 木：木穴点位在身体右侧与胸腔中间的地方。

4. 火：火穴点位在手掌侧边（与小指呈一直线）。握拳的时候，这里的皮肤会起皱褶。

图18

5. 脉轮整合主穴点：位于胸骨上，心脏附近。可以用食指和中指画个无限大的符号（横放的数字8），画过心脏，这里整合所有的脉轮。

程序

1. 永远要从刺激火穴点开始，轮流用左、右拳击打手掌，速度尽量快，并加入肯定句："我爱我自己，接纳现在的自己，即使我从来没改变！"将这句话重复三到七次。要确定自己很专心且保持警觉。每念完一遍肯定句，就深呼吸一下。

2. 用一只手（拇指和食指）或两只手（两根食指）刺激土穴点，加上肯定句："我接纳并尊重自己，即使我非常没有自信，心中有忧虑。我选择自信和内心的平静，现在如此，永远如此。"至少重复三遍。

3. 用一手或两手轻敲水穴点，加上肯定句："我爱我自己，即使在恐惧、没有安全感的时候。我永远选择自信和信心。"至少重复三遍，并结合深呼吸。

4. 木穴点只有一个，在胸腔边缘，与锁骨垂直相交的地方。轻敲或按摩该穴点,加上肯定句:"我欢迎并尊重我的愤怒和挫折感,拥抱它们带给我的课题,并且永远选择高度的自尊和绝佳的耐性。"重复三到七遍。

5. 轻敲食指的尖端可以刺激金穴点,加上肯定句:"我完全接纳自己最深沉的悲痛,也接受自己无法放下这些悲痛,然后永远选择喜悦、灵活、快乐。"重复三到七遍。

6. 轮流用左、右拳击打手掌,速度尽量快,并保持肩膀平直,深呼吸,再加上肯定句:"我可以从容地处理所有挑战和痛苦的学习过程,我选择宽恕和不执着,并允许自己怀着自在、感恩和喜悦的心情学习。"

7. 平静地呼吸,用一只手在胸口画出无限大的符号,感觉平和、安详和平静洗涤你,贯穿你全身。看你如何成功改变你的模式——享受、体验、感觉。慢慢将两只手举到耳朵旁,开始按摩耳壳内部(见图19),然后沿着耳朵边缘往下移,来到耳垂(头脑反射点)。按摩的时候,请加上肯定句:"我命令我的自主神经系统消除维持旧模式的所有突触(将旧模式一一说出来)。"然后观想自己扯掉旧突触,插上新突触。

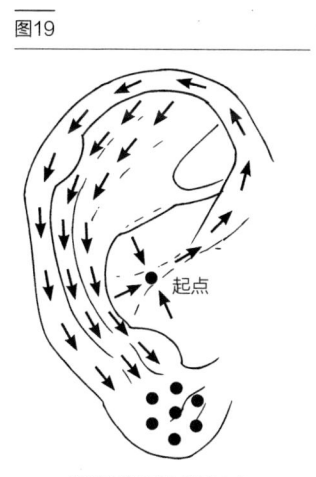

图19

耳朵反射区的按摩方向

把整个程序重复三遍。若要得到最

佳结果，整个程序（包括所有步骤）要每天做三次，持续三个月。把你的肯定句写在一张纸上，随身携带，这样不管你在哪里都可以练习。

你可以自由运用属于自己的肯定句，不过一开始请采用我在前面提供的例句。

步骤五：安驻你的信念——正向整合技术

此刻的你正在将新模式整合到自我认同里，所以，将正向信念深层地安驻到自己身上是相当重要的。你正在建立成功和永远改变的基础。

正向整合技术的方法有二：

1. 运用五大元素穴点，然后是脉轮整合主穴点（观想自己处于心中渴望的状态）和耳朵反射区疗法。我优先推荐这个方式。

2. 只运用左、右拳轮流击打手掌的技术（刺激火穴点）。

两种方法都试试看，都很好用。

说肯定句的时候一定要结合正向整合技术。要有创意，要简短并切中要点。以下面的模型为基础，在你的剧目里加些变化。你整天都可以做这个练习，也可以在镜子前面做。

给正向整合技术的肯定句

- 我可以达到我的目标,我有这个价值,我有能力。
- 我就是我,我尊重并接受自己,而且我爱我自己。
- 我够好,够聪明,够美,够勇敢。
- 我爱现在的自己,能够泰然自处。
- 我接受身为人和灵魂的极限。
- 我完全开放自己,让自己的潜能和内在智慧得以发挥。
- 我拥有的比我展现给全世界看的多很多。
- 我是爱,是光,是有神性的,是特别的,是有智慧的。
- 我泰然面对自己并非不朽的事实,了解我迟早会死。
- 我泰然面对老化的过程。

你可以创造属于自己的变化型:我很坚强;我很快乐;我是优胜者;我一天比一天有活力、健康、年轻;我热爱挑战;我无人可挡。

正向整合技术可以随自己喜好做几次都没关系,即使只做三十秒钟也可以。重点是要去做,那么成果很快就会显现。你会觉得更安心、更安全、更有自信。

若发生事故,也可以在事后运用这项技术来重新架构自己。另外,在面对困境之前也可以用,这样会让你觉得自己充满力量。运用这项技术,将正向特质安驻在自己身上吧!

步骤六：看见未来，感觉未来

定期检视你现在对特定情境有何反应，就可以发现你的潜意识与自己的反应是否一致。

- 踏进未来（假设是一年后），重新创造你目前面对的某些情境，看看你在一年后会有什么感觉。
- 转移到那样的情境里。如果没有达成目标，你会听到什么？感觉到什么？看到什么？对自己说什么话？
- 那个情境是你真正想见到的吗？你是否还需要其他特质？请进行中断模式的程序，然后整合新模式、正向整合技术，并重复所有步骤。
- 当你有了正向的感觉，让它成倍数增加。你觉得如何？你可以记录下什么感觉？有什么改变？
- 用正向整合技术，将这一切深刻地安驻下来：我值得、我该得到这样的报偿、我可以做到、这就是我、我是最好的、我全心全意。

你越臣服于这个过程，它对你的影响就越深。

步骤七：评估并保持专注

有些突触深入系统，扎根很深，你必须把它们当杂草，不断铲除。当你心中有了清晰的图像，并且把"我无人可挡"深深地安驻在自己身上，就一定会达到你的目标。

当你注意到某件事无法顺畅地运行，请立即打破那个模式，改变态度，改变你的姿势，同时深呼吸。最重要的不是一次就达到目标，而是你下定决心，势必达成。这是成功的关键。为心智设定程序跟开发计算机软件很像：都需要不断精进。

这个过程永远不会停止，你会不断将软件升级，变得更好、更精进、更少错误，这是一辈子的过程。

你的日常作息中还要加入另外三个步骤。

1. 早上的例行公事

起床后不久，就开始进行步骤四：运用五大元素来安驻新模式，接着运用正向整合技术。然后短暂冥想，设定当天的意念。如果你已经知道当天会是怎么样，请观想自己和谐地处在所有情境里，内在充满力量；观想自己在晚上回家以前，整天都开心、健康、放松；观想自己重复步骤四和正向整合技术。以这种方式开启每一天。

2. 白天的例行公事

白天，请保持高度警觉，留意任何你不想要的模式和行为。如果不想要的模式出现了，请打破这些模式，并将你的反应转变成你想要的行为或反应。重复步骤四和正向整合技术，例如可以在浴室中练习。

3. 晚上的例行公事

对你的这一天进行评估，再次体验所有经历，尤其是状况不佳的事项。完成这一章提到的七个步骤之后，再重复一次，不过此时要用上自己所有的力量。设定意念，告诉自己隔天起床时会精力充沛、精神饱满、心情愉快。然后运用五大元素、脉轮整合主穴点和耳部反射区，来观想并安驻这个意念。

重设心智程序是一种转变的过程，是要将你在人生历程中被写入的旧程序，替换成可以支持并加强你通往灵性的新程序。而一旦你采用了本章所谈到的技术，就可以将整个过程加快十倍，并且让你变成自己人生的舰长。

你可以改变自己的未来，只要开始，永远不嫌迟。但愿你在重设心智程序的过程中充满喜悦，我知道你做得到。

第八章 疗愈你的灵魂：从脆弱到拥有内在力量

　　疗愈你的灵魂是一件极为矛盾的事。除非你愿意流露自己的脆弱，针对伤口治疗，才有疗愈的希望；而一旦恢复健康，你就不再脆弱。你会变得真实、可靠，完全成为你、完全自由，不再是他人意见的囚徒。这世界会考验你，困扰你，让你觉得内疚，说你疯了，排斥你，批评你，说你自私而冷漠，说你以前有多好。但是请注意，一旦你开始疗愈自己的灵魂，一切都会变得不一样。

　　接下来，我要解释灵魂受伤的原因：维持生存的最低需求没有得到满足！

我们的灵魂利用情绪和感觉，温和地引导我们走向完全的自由——放下阻挡我们成为自然真我的一切。而当我们正视我们自以为需要的东西时，就会看见另外一条路，灵魂透过这条路告诉我们什么是"非我本性"的东西。我们必须学习，才能回到我们平和、安静、有爱、有创意、有力量、有智慧、善于观察、中立、温暖和真实的本性。

图20

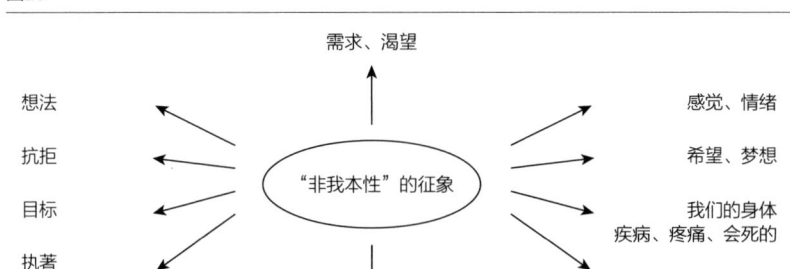

带我们远离中心的并不是"我们"，这些都是疗愈我们灵魂（来人世间体验的这部分灵魂）的镜子。经历越多疗愈，就越能够回到核心的真我。

你会学着将周遭世界当做自己的镜子，用这些来疗愈你的灵魂。这并不难，你必须保持警觉，了解状况，采取行动，进行评估。有些发现对你而言会非常新奇，甚至可说是顿悟。读完这章，你会完全改变看待世界的方式，会有一股力量引导你找到你的自由——做自己的自由。

我们时常躲藏在合理的借口后面，不去看不想看到的东西。这些借口真实到我们开始相信这是真的。在会被"必须"这个词触发的人身上，可以很清楚地观察到他们缺少做自己的自由。只要有人对他们说的话里出现了"必须"或"一定要"这样的字眼，他们就会激动地响应："我不必做任何事。"许多人就是太过注重"有礼貌"这种虚伪的东西，凡事必须说"请"，声调还要友善，然后也要求别人这么做。为什么要这样呢？不过就是要传达信息罢了，说话的态度会影响所传达信息的真实性吗？

图21

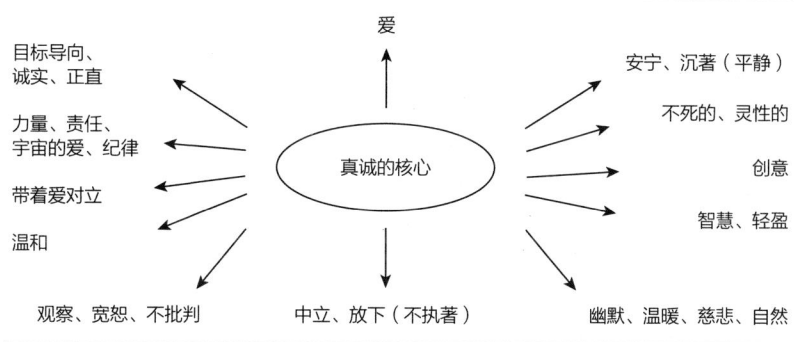

当我们是真实的自己时，遇到"必须"或"一定要"这样的字眼，就有若干选择，因为真实等于保持中立。

选择一

往自己的内在探寻，看看你想不想做对方要你做的事，而不去管对方说话的态度如何。

选择二

以中立的角度观察对方，注意对方是否紧张、有压力，使他忘了礼貌。出于怜悯，你可以帮助这个人了解他心中压力的本质。

选择三

你可以用慈悲的态度向对方说："我会怀着亲爱且乐意的态度为你做这件事，不过我想告诉你，你对我讲话的方式有点紧张、粗鲁、命令式，而以你这种要求协助的态度，旁人是不会好好响应你的。"你完全超脱了，不受结果困扰。

图22

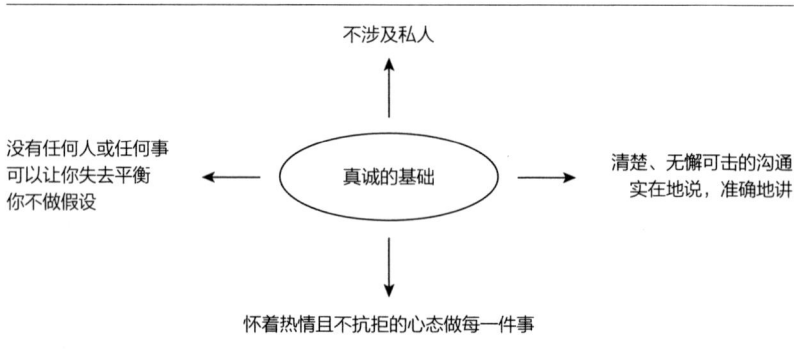

真诚的人，其特色为：

- 保持中立；不涉及私人。
- 他的沟通无懈可击。
- 怀着热情且不抗拒的心态做每一件事。
- 不会因为任何事或任何人而失去平衡。

疗愈灵魂就会谈到"情绪商数",也就是所谓的 EQ。最后,你会得到完全的平静,这意味安详、顺随生命之流、有力量、不受外界的影响。

自从丹尼尔・高曼(Daniel Goleman)那本介绍情商的革命性著作于 1995 年问世之后,EQ 变成了家喻户晓的名词。在这之前,情绪在公司里一直是个禁忌,在工作上表露情绪会被视为不专业。

不同于智力商数,情绪商数可以改进。根据高曼的说法,EQ 谈的是自我控制,是不回应他人情绪,还是等待和观察的能力。我要进一步阐述:高 EQ 并不是自我控制,而是持续针对动摇你情绪平衡的任何事物下工夫;经过一段时间,你不必再控制自己的冲动,因为你的脆弱易感已经降低到不会再被触发。以前会引发激烈(内在)反应的情境,对你不再是压力。而你的压力敏感度,百分之百与你灵魂受伤的程度有关。

请觉察我没有写出来的事实:你对压力如何反应。冷静和镇定的外在表现,大部分是透过学习得到的,外在看起来可能很平静,但其实内在的压力正逐步升高。

现在你应该开始对这个观念有些了解了。我们要开始检视疗愈灵魂的几个基本面向:你投射给外界看的几种需求。

你的需求

维持生存的最低需求

婴儿时，你有几项基本需求必须得到满足，否则无法生存下去，而这些需求必须由照顾者提供。小孩被设定的程序是要求生存，因此会表现出可以吸引他所需要的注意力的行为，这情况会以正面及负面的方式出现。而一旦你脱掉尿布，学着不依赖外在世界就变得非常重要。

孩提时期满足需求的方式被忽略了，充分说明童年时期你的灵魂遭受过多少创伤，到今天，你还在弥补那份痛。大部分人在面对这个问题的时候，都极为抗拒，因为他们已经习惯了自己的习性，对他们来说，这已经变成了事实。当你经历抗拒时，认清灵魂受到的创伤就变得很困难。

每一种形式的抗拒，都表示灵魂中有个伤口，也就是说，灵魂中的每个伤口都是一扇通往疗愈的大门。你一个一个地突破所有尚未解决的课题，才能体验到自由。而我们在生理、心理和灵性上都有需求。

生理需求

出生后，我们需要关爱、营养、温暖（衣服）、卫生、活动，这些是整个人生的基本需求。此外，我们还需要温柔的碰触和轻柔的话语，才能保持活力与健康，并发展出强健的免疫系统（对缺乏这方面体验的人来说，按摩是个健康的选择）。当我们的生理需求没有得到满足时，身体就会受苦，于是成长停滞，而这也会连带影响我们的心理。

心理需求

这与学习过程有关，包括分辨是非的能力。我们学习讲话、走路、吃东西、穿衣服、卫生保健、控制膀胱。我们受眼中所见的周遭环境刺激，例如父母有多严厉、多依赖、多有同理心、多慈爱，这些都深深影响这个孩子。我们会模仿父母，而且往往不只小时候模仿，长大后亦然。许多人大声说自己永远不要像爸爸妈妈那样，却在三十年后发现自己就像父母当年的翻版。

我们可以从与他人的每次邂逅中学习。长大后，周遭的人就是最好的镜子，可以帮助我们进一步成长。

灵性需求

灵性是我们与生俱来的罗盘，引导我们走向无条件的、宇宙的爱（也就是所谓的"开悟"）。因为在成长过程中，我们都被教导要努力追求有条件的爱,这是我们所知和所做的。勇敢面对自我(那个受伤的灵魂)是一件很美的事。

大部分缺乏爱和关注的人,都会枯萎并死去。在一起好长一段时间的夫妻就是最好的例子,如果一方死去,另一方不久后也会跟着离开。

诚实面对自己的需求,辨识创伤

维持生存的最低需求没有得到满足,会引发痛苦和疾病,甚至导致死亡。

无刺激的环境无法引发你去探索并学习,处在这样的地方会心理畸形。当你没有得到肯定、赞美、认可、赞同和确认,EQ 就会变低,而大大降低生命的质量。这样一来,你可能饱受负面信念之苦,而阻碍了你的成功之路。

这些都是灵性需求的项目,它们会影响我们如何感知爱。

我把几项基本需求列出来,方便读者辨识自己的创伤:

- 接纳
- 关注
- 赏识
- 赞同

- 赞美
- 认可
- 尊重
- 信任
- 关心
- 辨认
- 确认
- 了解

把你认为对你很重要的勾出来，至少选三项（当然你很可能全选）。请诚实面对自己。如果你的需求一直无法被满足，那么为了得到满足，你绝对会想尽办法找寻补偿。虽然你希望采取正面的补偿方式，不过大部分人都用了负面的方式。

十二项灵性需求

图23

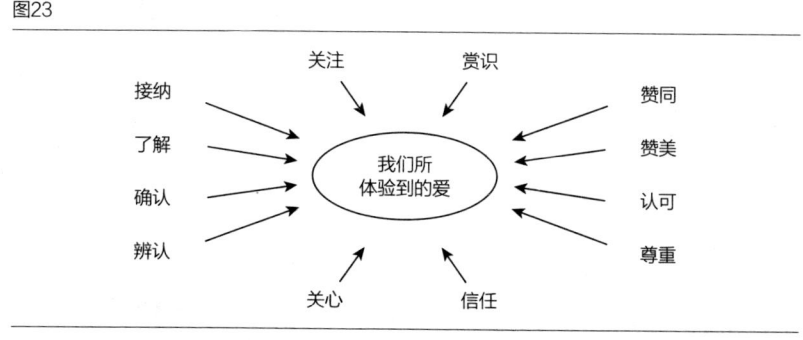

接纳

如果在你的清单中,"接纳"排名很高,这就表示你不接纳自己,而且会从外在寻求接纳。你会渴望成为团体、社团或俱乐部的一员,社交对你来说很重要,如果别人没邀请你参加派对,你就会生气。

肯定句:我爱我自己,接纳现在的自己;当别人不接纳我时,我会接受这件事。(将这个肯定句加入你的五大元素练习中。)

关注

如果"关注"是你的触发因子,你会使尽气力,企图得到别人的关注。你会从穿着打扮上让人留下深刻印象,不管是好印象或坏印象。对关注上瘾的名人会说:"只要有写到我就好了,管他是怎么写的。"

不管正面或负面,你已经发展出引人关注的才能。你擅长说话、长得好看又拥有特殊才能,会得到正面关注。而获得负面关注的方式则是透过生病、抱怨、挖苦、大声说话、粗暴、情绪化(经常哭)或成为受害者。只要聚光灯不在你身上,你就焦躁不安,然后立刻采取行动:拿起电话或登门拜访。别人没有提到你,会让你很不好受。

肯定句:我爱我自己,接纳我自己,即使我不是关注的焦点。而且没受到关注,我觉得很好。

赏识

寻求"赏识"的人总是表现出最好的一面。你不遗余力地取悦他人，你买昂贵的礼物，你的工作成果永远完美无瑕，你的出现永远是因为别人，你不断付出。而一旦别人不重视你的意图，你就会觉得很糟糕。

肯定句：我爱我自己，重视我自己的价值。从现在起，我最擅长拒绝他人，即使别人不赏识我，我也觉得非常好。

赞同

寻求"赞同"就像寻求批准。只有在这时候，你才会稍微征询别人的意见，或希望别人赞美你。你的目标是取悦别人，赞美的话对你非常重要，友善的微笑和点头表示同意也同等重要。别人的意见对你意义非凡，你认为批评都是针对你这个人而来的，于是会努力弥补。

肯定句：我接纳、赞同现在的自己，而且我不需要别人的赞同来让自己感觉很好。我以中立的态度接受批评。

赞美

如果要得到外界的"赞美"，你才会觉得不错，那你跟寻求"赞同"的人没什么两样。对你来说，讲出来的话才重要，你需要听到别人关心你、爱你、说你看起来很好。你一直在寻求赞美，所以批评对你具有毁灭性，会让你因而受苦。你总是考虑着别人的喜好。

肯定句：我爱我自己，以自己为傲。现在的我拒绝沉溺于赞美，就算没有得到赞美，我也能泰然自处。

认可

如果"认可"对你很重要，那么你可能拥有许多证书和头衔。你重视职业生涯、地位和声望，你是专属俱乐部的会员，拥有美丽的东西和昂贵的品味。你做每一件事都努力做到顶尖。你是赢家，失败不是你的选项。

肯定句：我爱我自己，认可我自己。我放弃所有从外在寻求认可的需求，没有别人的认可，我也觉得非常好。

尊重

如果"尊重"在你的清单中排名颇高，那么你对尊重你的人最敏感。你常使用尊重这个词。规则很重要。对你来说，别人喜欢你很重要。

肯定句：我爱我自己，并尊重自己，我完全放下要他人尊重我的需求。

信任

如果"信任"是你在意的事，那么你对他人的信任一定不只一次遭到破坏。在友谊中，信任是个大问题。你不相信许多人，而赢得你信任的人则赢得你的忠诚。如果有人违背了你的信任，你会觉得十分震惊。另外，你也渴望别人信任你。

肯定句：我爱我自己，完全信任自己，我相信我可以放下对信任的追求。

关心

如果"关心"对你很重要，那么你喜欢照顾别人，也喜欢被照顾。你会找寻你可以照顾，而且也会照顾你的人。

肯定句：我爱我自己，照顾我自己，我放下照顾别人的需求。

辨认

如果"辨认"很重要，你会确保让别人记得你。对你来说，别人记得你的名字很重要，你会设法让自己的名字清楚地出现在你的桌上和房子的大门口。你养成了某些习惯，以确定别人认得你。你对每个人道早安，一旦没有得到响应，就觉得受伤。

肯定句：我承认自己有被辨认的需求，我接纳我自己，并永远放下这个需求。

确认

许多人寻求"确认"，这点与"赞同"和"接纳"有微妙的关联。确认与觉得不安全或觉得不受欢迎相连结。原则上，我们谈的是害羞的人，他们鲜少表现自己，不喜欢成为众人注目的焦点，"关注"是他们极力回避的事。然而，只要他们不是关注的焦点，他们的确想要别人的确认。

肯定句：我在我自己之内寻求确认，不再需要别人确认我的存在。我觉得安全，觉得自己完全存在。

了解

清单上的最后一项是"了解"。对这方面很脆弱的人来说，被了解，以及为了自己而了解某事是非常重要的。他们经常把相同的解释重复三遍，而大部分时候，他们觉得被误解了，这让他们受伤很深。他们也喜欢知道所有事，例如度假的目的地。

肯定句：当我被误解时，我觉得很平静。我接纳我自己，在别人不了解我的时候，也能舒适自在。

负面特征

觉察自己的阴暗面很重要。当别人无法满足你的需求时，你就会用很情绪化的方式反应，你会失望、愤怒、语带批判，因为你的期望没有得到满足。

当别人无法满足你的需求时，你为什么会有情绪化的反应？请把触发你情绪的因子和你的反应列出来。

未痊愈的灵魂（尚未处理的冲突）

未痊愈的灵魂，症状表现在情绪和敏感度上。情绪源自于尚未处理的冲突（伤害），敏感度则是指我们体验情绪和触发因子的强度——从隐隐约约，到超级强烈。灵魂痊愈的情况越好，我们的敏感度就会减低。而情绪主要显现在我们的行为上，除非去压抑它，那么压抑情绪就会导致内在能量的混乱。

我们会以某些身体感受的方式体验到情绪，当我们提到某种情绪时，其实说的是体内的那种感觉。例如当你生气时，那是你对某个触发因子的反应，是某件事惹你生气了。不过，当你问一个生气的人他有何感觉时，他就会描述他体验到的感受（并没有贴上"愤怒"这个情绪标签）——例如觉得胸口有一股压力，呼吸加快。

我们体验到的情绪往往是负面的，不过如果我们让伴随情绪的能量流动，那么情绪其实并不带任何正、负电荷。然后我们会觉得如释重负，可以回到做自己的基本感觉。**情绪让我们远离自己的本性，告诉我们灵魂曾经受到的伤害，告诉我们何谓"非我本性"。**

在我们转世之前，就已经与此生的重要人物——父母、朋友、"敌人"、伴侣、子孙等等——约定好，请这些人不断地将镜子摆在我们面前，让我们照见尚未处理的冲突和伤害，一次又一次地给我们机会，去解决冲突或疗愈伤口。

你被触动得越厉害，表示创伤越大。是你设定的意念让你在某个特定时间面临重大转变，然后一步步放掉你的情绪包袱和老旧模式，并超越你的信念。在这当中，情绪扮演了重要的角色，因为情绪会将尚未痊愈的过去显现在你面前。**疗愈伤口是你的业力责任，如此一来，才能降低你对外来刺激的敏感度。**

如果我们的"不情绪化"是因为治愈了尚未痊愈的过往，那我们会变得对自己的"本性"（也就是我们真正是谁）更敏感，变得更加真诚。而如果"不情绪化"是因为压抑情绪造成的，那我们对本性的敏感度就会降低，内在的真诚度也随之下降。

爱的替代品：补偿我们的脆弱

当我们的灵性需求没有得到满足，就会寻求补偿。为了不让自己感觉到脆弱，我们找到了许多方法：抽烟、喝酒、拿乖戾或脚踏实地的态度做挡箭牌；咬着嘴唇，把注意力集中在别的事物上；啃噬掉自己的悲痛；吸食可卡因或抽大麻；让自己冷漠，麻醉情绪；把自己关闭起来；拒绝亲密，和别人保持距离；靠药物让自己镇定；看电视、吃甜食、喝许多水；借着淋浴把它冲掉、靠走路让它散掉；盯着鱼缸里的金鱼；对某人吼叫；从外在寻求确认；抱怨、生病，或是变成工作狂。

在感觉到疼痛、紧张或情绪的那一刻，我们转身做其他事。虽然一时没事，可是伤口还在，迟早会出毛病。

你会做些什么来避开疼痛呢？列出你的逃避行为，并留意那些模式，例如：在冲突时生气地走开，或者根本不面对，以免伤害对方；撒谎或扭曲事实，让对方觉得事情没那么冷酷无情；假装与众不同，要别人喜欢你。

这张清单对灵魂的疗愈相当重要，列得越多，你就越清楚自己受到的伤害。

谎言机制

小时候，因为某些基本需求没有得到满足，我们在许多方面受过伤。为此，我们"雇用"了自己的亲生父母或养父母，让转世前那些尚未处理的过往浮现。有趣的是，来自同一个家庭的孩子，对父母行为的反应可能完全不同（这就让我们确定了转世这件事）。

那些伤害有一大部分是在我们投胎到这里之前就存在的。当我们受伤或觉得受伤时，那其实是一段尚未疗愈的创伤的记忆，即使那常常看起来像是重新受的伤，其实重新受伤的机会很少（不过有时候的确有可能）。

当我们觉得疼痛，情绪就跟着产生了。我们不想要那份疼痛，于是找寻解决之道，这可以透过接纳自己，以及传送爱给受过伤的那部分自己（常常被称为"内在小孩"）来达到。

而只要我们没有返回真实的自我（在那里可以感受到爱），就会找寻麻醉疼痛的方法。麻醉是暂时的，不过终究会变成真实自我的一部分。我们会麻醉了自己的潜力、才干、爱人和被爱的能力，以及自己的正向特质（见图21）。借着压抑疼痛，我们可以表现出一副没事的样子，有时候，我们实在装得太好了，好到往往会相信那样的自己，并以为我们会一帆风顺。男人就非常擅长这样愚弄自己和女人。

我们丢进谎言机制里的"疼痛"越多，我们的光（我们的真诚和独特性）就越难照进这世界。因为错误的自我认同和压抑，我们的光越来越微弱，然后阴影越来越强大，而且默默地接管一切。

"似曾相识"法则

我们透过人、事、物不断吸引或创造情境（因为我们还要从中学习某些功课），直到我们不再因为同样的事件而变得情绪化，或直到我们学会了那项功课。但如果脆弱不显现出来，我们就无法认清自己的创伤在哪里，也因此无法疗愈创伤。这会变成我们的一部分阴影，而灵魂就必须找到其他方法，好让我们把注意力放到"似曾相识"的情境上（也就是本身不断重复的情境）。

为了达到这个目标，灵魂会让我们感受到心中的抗拒，或者感受到灵魂对某事或某人的判断，又或者透过身体的疼痛或疾病。我们会感觉到渴望，会做梦，或者会一再出现同样的想法。

- 我们带着抗拒所做的一切都指向灵魂的伤口。
- 我们所有的疾病和意外都和灵魂有关。
- 我们所有的希望、目标或渴望都源自于灵魂。
- 我们所有一再出现的想法都反映出灵魂的许多面向。
- 我们所有的冲突都来自于灵魂。
- 我们所有的判断都来自于受压抑的自我（灵魂）。

举例来说，你结束了一段感情，因为你认为对方不诚实；他给了许多承诺，不过做到的少之又少；他永远有新的借口，而你觉得不受尊重。经过一段长时间的辗转反侧，你切断所有联系，然后顺其自然。

你可能没有意识到的是，这个人的行径跟你父亲以往的行径相同，而你对这一点还是觉得很受伤。只要一直不处理，你在人生路上就会继续遇到这样的事件，即使有了新恋情也不例外。

你会不断地接触到同样的疼痛，继续压抑或隐藏这样的痛。于是你继续摇摇晃晃地往前行，持续一生，除非——你真正解决这个问题。

最终，你必须做出有意识的抉择，你必须学会辨认（Recognize）、体验（Experience）、认可（Acknowledge）、学习（Learn）这个课题、接纳（Accept），然后放掉（Let go）这份疼痛（简称为REAL-AL）。

图24 REAL-AL

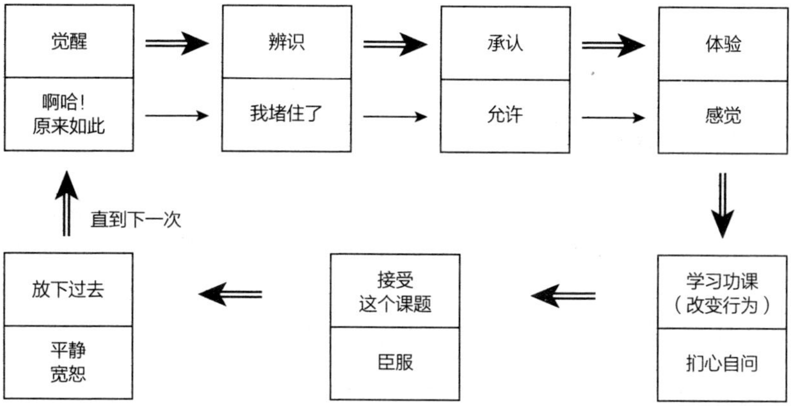

| 觉醒 | → | 辨识 | → | 承认 | → | 体验 |
| 啊哈！原来如此 | → | 我堵住了 | → | 允许 | → | 感觉 |

↑ 直到下一次

| 放下过去 | ← | 接受这个课题 | ← | 学习功课（改变行为） |
| 平静宽恕 | | 臣服 | | 扪心自问 |

亲密关系是疗愈灵魂的最佳情境。这类情境会让你变得情绪化或觉得受伤，然后才会出现适当时机，让你真正采取行动，处理受压抑的旧伤。

也就是说，**情绪和觉得受伤是疗愈你自己的理想时刻，因此，你**

必须心怀感恩，感激对方拿着镜子在你前方照见你的灵魂，让你有了疗愈的新机会。

如果这个情境没有为你做任何事，请想办法辨认出它来。每次体验到疼痛、情绪或觉得受伤时，毫无例外的，一定是你的灵魂有个伤口。因此，如果你的人生有优先级，疗愈灵魂就应该排在第一顺位！

如果身处在触发了你的情境中，却无法立即解决问题，那么只要辨识，并认可那个情境，把那一刻记下来（把它保存起来，记在心里，或者最好写下来），忍过那份疼痛，然后尽可能在同一天把这件事解决掉。

如果你做了前一章的那些练习，那么你会在晚上评估当天有哪些事进行得不顺利、什么时候你使不上力。然后，你会采用 REAL-AL 程序（辨认、体验、认可、学习这个课题、接纳，然后放掉这份疼痛）。

你运用五大元素来整合你以不同角度体验这份情境所需的特质，同时运用这些特质再度经历那些情境，直到你能够带着疼痛体验一切。

越常做这样的练习，你的人生就会变得越自在（抗拒和疼痛减少，流畅度增加），然后就越能享受到做自己的甜美果实。

几个与"似曾相识"有关的辨识项目

- 你感受到抗拒，怀着厌恶的心做了某件事。

- 某人开了个玩笑或说了些话（完全与你无关），你却深受影响或觉得很受伤。
- 你对某个并不真的很认识的人有所批判（这表示你对自己有意见，跟那个人倒是没什么关系）。
- 过度反应：没什么事，你却大惊小怪。某件事让你完全疯了（后来证明那件事根本没什么）。
- 你的判断力告诉你没事，你的感觉却不这么认为。例如你被炒鱿鱼了，而你并不是真正喜欢那份工作。判断力告诉你："这样很好，我要去找更适合我的工作。"但是你的感觉却说："我会想念我的同事，我不希望没有他们的陪伴。"

我们是自己最恶劣的敌人，我们都有个熟知内情的"内在评论家"，他不断对我们说话，而且通常是负面的，例如：你这次是真的搞砸了。你必须多加注意！事情不对劲喔！你很差劲耶！看看你又把事情搞砸了！你自己应该知道你很无趣吧！没有人会注意你。你话说太多了。你好自私。没人喜欢你。你太入迷了！你没有吸引力。我告诉过你要穿另外一件衣服啊。

这个内在评论家收纳了我们曾经接收并记录下来的所有谴责和评论，因为当时那些话真的对我们起了些作用。我们越早听到这些话，对我们人生的影响就越深。这样的批评有一大部分出自善意，但因为我们的灵魂原本就受了伤，因此没有办法打开心胸接纳那些话。这个内在评论家限制了我们，也是我们必须学着与之共处的障碍之一。那是个被设定程序的心智，而我们必须将它重新程序化。

不管你说了别人些什么，那些话都是你自己的一面镜子，它们会出现是因为有东西触发了你。你将你自己对这世界的解读投射在别人身上。此外，你的基本需求也扮演了某个角色，因为基本需求创造了对方无法给你的期待和渴望。许多人无法"接受"，是因为没有自尊，觉得自己不够好，不敢要求其他人的关注，并批判会要求关注的那些人。

而你会批判，是因为在内心深处的潜意识里，你知道你会批判自己。人们不断将显示你的脆弱的那面镜子摆在你面前，然后由你决定如何处置。

脆弱

关于脆弱，我们谈了许多，现在要来好好深入探讨这个概念。

此时，你已经察觉到自己灵魂的许多面向。如果你愿意接纳脆弱，一定认清了许多事情。重点在于：这对你内心的影响有多深？你有多脆弱？你在你的头脑（你的判断力）里迷失到什么程度？你偏离自己的道路多远？你找了多少借口让自己无动于衷、不让任何东西碰触你，让自己那样遥不可及、平稳踏实、高高在上、心存怀疑、注重实际、脚踏实地？

你可以在图 24 中发现，辨认是第一步。当你被触发了，也就是某样东西让你情绪波动，如果你感受到某种让你失去平静的东西，那么至少从现在开始，你很清楚要为自己灵魂担负的责任就在你手里。

每一个惹到你的人都给了你一份礼物；**每一个伤害你的人，都为你打开了通往灵魂疗愈的大门，只要你负起疗愈灵魂的责任。你必须感激伤害你或可能伤害你的每一个人。**

当有人对你厉声说话，而你听了进去、被惹火了，你的灵魂就有了个伤口。但如果你以中立的态度，观察对方那个厉声说话的行为，就可以看见让他做出这个举动的那份疼痛，于是你灵魂的那个脆弱部分（也就是对这点很敏感的部分）就已经痊愈了。

如果有人不尊重你（不管用什么方式），而你感觉受伤或愤怒，那你就是触碰到自己灵魂中的创伤了。如果这个行为对你没有任何影响，而你觉得同情对方，表示那就是平静。

如果有人排斥或忽视你，用言语攻击你，批评你，让你尴尬，藐视你，在别人面前对你大吼大叫或以负面的方式对待你，而你或者被惹火了，或者觉得这一切让你紧张，或者你开始想着别人会怎么想你，那么你就是有个灵魂伤口。而如果你能怀着爱心和中立的态度告诉对方，你不希望有人用那样的态度对待你（话里不要有嘲笑、挖苦，也不压抑愤怒、不失控），然后放下、顺其自然，那么你就掌握了自己的力量。

我们必须为自己对这个世界的反应负起百分之百的责任。这并不表示你必须事事都说好，或是接受一切。抱持中立的观点，你可以把自己的界限订得更完善。保持中立的人最具弹性，而且更有能力找到解决问题的方法。所以请学着勇敢面对，才能更了解自己。看看在面对的时候，你有何感受？你可以保持做原来的自己吗？你可以保持中立吗？你可以真正听别人说话吗？还是会马上进入防卫模式？

有些人则利用自己的脆弱博取关注，他们把自己的问题和痛苦经验摊开来，为的是要博得同理心、关注、接纳、了解、认可或确认。如果他们没有从我们这里得到想要的，就会觉得更受伤，然后把我们列入黑名单。我常跟这种人说："这个故事很美，你可以因为这个故事得到许多关注，但你还要继续讲这个故事讲几年啊？"

这番话产生了震惊的效果，有时会让对方觉醒。这类对关注的要求会以许多伪装的形式出现。"过去"不是用来从中学习，之后完全放掉的吗？

我不想把我的疼痛经验当做战利品拖进未来，我想疗愈这些创伤、放下这些创伤。我并不想知道你过去有多好，我想知道的是此刻你站在人生的哪个地方，你要怎么做，才能让明天比今天更好。

批评只是一种信息，是跟别人如何看世界，或是他们希望如何看世界或拥抱世界有关的信息。这牵涉到他们的准则和价值观。大部分的批评是对方的投射，除非他们用中立的方式批评，而不是因为他们本身被触动了。

我们想经历帮助我们朝真诚和平静的方向前进的所有事物。要变得真诚，我们必须了解这个世界。

我们必须知道，这个世界是因为下述原因而被创造的：

- 当做一面镜子，来测试我们的情绪平衡度。
- 不断让我们觉知"非我本性"。
- 让我们摆脱自己的舒适区。
- 剥夺我们自以为需要的东西。
- 拿走我们自以为需要的东西。
- 让我们的阴暗面浮现。
- 提醒我们有尚未处理的过去。
- 测试我们，看看我们是否适合自己的课题。
- 扰乱我们，使我们偏离自己的目标。
- 要我们相信自己并非不朽，而且不够好。
- 测试我们处理事情的能耐。
- 让我们的恐惧浮现。
- 持续寻找我们的触发因子，让它们出现在我们眼前。
- 让我们看见某样比我们拥有或得到的更美的事物。
- 表现得不诚实、不公平，好让我们在自己身上寻找不诚实和不公平。

把以上这几点再读一遍。我的目的不是要把原因一一列出，而是想让你明白自己为什么来到人世间。

灵魂是我们的不朽中脆弱的那一部分，而且是我们最终想要（必须）疗愈的部分——如果我们想要进化。

只要我们没有克服对无条件的爱的恐惧，没有将自己最基本的需求和情绪加以转化，就会选择受苦、疾病和低落的生命质量。疗愈灵魂是唯一的路。我们可以长期利用自由意志，继续因选择短期解决方案，而付出长期伤害的代价，例如因为青春痘而服用荷尔蒙，因为疼痛而服用止痛药，因为感染而服用抗生素，因为神经质和压力而服用镇定剂，为了逃避而嗑药，为了感觉良好而抽烟，为了忘却、不愿面对和压抑情绪而喝酒，为了维持和睦而撒谎，因为害怕被拒绝而牺牲自己，用奢侈品让自己平静下来。不过这一切都是无效的，而且甚至有害。

你不能说要保持灵性，却还是继续抽烟，那不叫做勇敢面对疼痛，而是愚弄自己。你允许自己的身体被控制，你继续逃避，表现得像个婴儿。

如果你是个烟枪，你会说，哎哟！那样说好伤人啊！你有多抗拒、有多少反驳的论点，这些都无关紧要，你注定会继续愚弄自己，直到你来到折返点。不过你可以采取第七章那七个"永远改变"的步骤，或者寻求专业协助。这可以解决你卡住的一切事物。

最后，我想说一下在灵魂疗愈期间，你可能会遇到的几件事。

- 一再出现或有主题的梦境。你的灵魂在梦中指引你与过去的事情有关的方向,让你深思,并寻求能让你进化的功课。

- 你会有一段时期突然觉得疲惫和沮丧。你的内在有许多事正在发生,能量正在寻找新的平衡,这可能会造成暂时的疲惫和沮丧,所以要利用时间休息和冥想。这也可能是则警讯,警告你太过狂热,或是肩上有太多负担。

- 背部或其他地方疼痛。这可能是你必须解决的旧有记忆或紧张,总是有某个你必须正视的深层原因。冲突,尤其是愤怒,在疼痛方面扮演了重要角色。

- 之前有过的不适暂时回来了。许多过去的疾病并没有完全处理掉,被你的细胞记住了;而现在,潜意识正在进行大扫除,所以不适会回来一阵子。

- 你会丢掉工作或突然辞职,因为你觉得那份工作不再适合你。灵魂正在替你创造某样新东西,这个东西最后会引导你得到更多疗愈。

- 你掉入一个冷漠的洞里,什么事都不想做,觉得没有动力。这是暂时的休止,目的是要让你那活力十足的身体有机会平衡。

- 你听见声音、看见不存在的生物,产生幻觉,这些都是开启了更多脉轮的征兆。别让这样的事情使你失去力量,要观察它,并支持自己。设定清晰的界限:你想要什么或不想要什么。

- 你失去朋友,因为你行为怪异,或跟从前不一样,他们不想再见到你。没有关系，会有接纳你现在模样的新朋友出现。你将会发展出来的最重要特质中，有一项是：不执着，并逐渐放掉不属于你的东西。

- 你会毫无理由地快乐；你无缘无故就笑、自言自语，而且变得更稳健、更有幽默感；你会描述你所经历的事情，然而这些事情却不是来自于你（你的"内在神性"透过你说话）；你体验到更多热情，越来越敢于做自己，而别人对你的影响越来越小；你更享受人生，越来越敢于看到自己的优点；你越来越少向外在寻求确认（和其他需求）；你越来越正面，越来越有活力；你有更多的慈悲心，更能接受别人原本的模样；你敢于面对，触动你的事情变少了；你变得越来越真诚，越来越专注；你越来越不会觉得自己在浪费时间，越来越能够活出时间的价值。

如你所见，灵魂的进化是非常具有张力而强烈的，但这不要紧。情绪的平衡启动了，你越来越贴近自己，不会让任何事吓到自己。你能够处理挡在前方的任何事物，因为那就是你的内在神性将它吸引过来的原因。你来到人世间的使命是要成功，而不是要失败。

最后，处理好跟下面这些有关的事，你就能更不费力地疗愈灵魂。

1. 会触动或触发你的所有事物

你要求自己必须具备某些特质——例如更多自尊——才能以不同

的方式处理这些事物。然后在五大元素穴点和心轮整合主穴点（Heart I.M.P）的帮助下，将自尊感和正向肯定句整合进你的自我认同里。然后你回到那个情境，运用这个新特质重新经历，直到你在其中感觉到平静，才算达到目标。

2. 会召唤出你内在批判的所有事物

进入内在，去感觉你被触发的那个部分。采用对付触发因子的技术，直到你能够以中立的角度看待这个情境。

3. 会召唤出你内在抗拒的所有事物

这是疗愈过去，直到你可以怀着热情达成目标的征象。

4. 疾病

这是要给你讯息。如果是慢性病，请找身心辅导或奥美嘉健康辅导的专业人员，把那个讯息找出来。

5. 对立

当你逃避对立，当你的行为又像个伪君子，但希望自己能有所不同，那么请整合你需要的特质。

6. 感觉到伤痛、冲突

找出你让这件事发生的原因，并修正它。

7. 负面思绪

不要对抗负面思绪，把它们当做过去遗留下来的东西，接受它们，让它们保持原状。

8. 需求

在你之内找出需求。

如果你继续在这些事情上面下工夫,最终会到达你今生计划要到的目的地。

第九章 身体是无形力量的游戏场：决定能量健康的因素

你是个复杂的存在体，组成的部分包括灵（包含你所有最深层的智慧的不死部分）、灵魂（储存你转世期间所有主观经验的不死部分），以及你生存在其中、会死的身体。

这很令人困惑，因为你觉得身体像自己的一部分，然而事情并非如此。为了更了解身体，我已经先描述过心智（身体的计算机）如何运作，接着讨论过灵魂。现在，我们要更深入地探讨身体。

有一点比较复杂的是：我们并不是我们的身体，但我们的身体对我们的经验的确有极大的影响。因此，我们有必要知道作用在身体上的所有影响，有必要了解该如何从中获益。我们从简单的开始讲起，然后逐步建构出更复杂的架构。

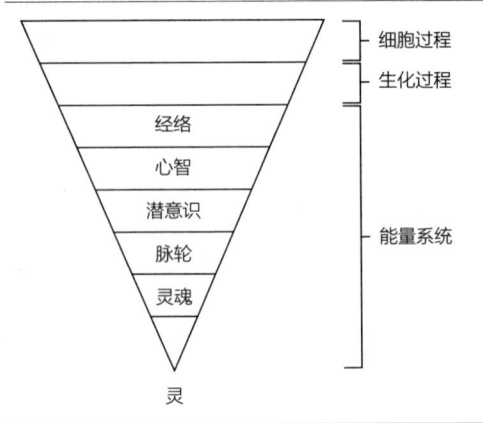

图25

如同图25所显示的，一切都从智力（也就是"灵"）的创造开始。灵有自己的能量调节系统，透过灵魂而影响脉轮和气场。

这表示脉轮就像计算机，整合学到的功课，同时代表更崇高的人生意念和灵的各个面向。接着是也有影响力的潜意识和心智，它们透过经络影响生化过程，最终在细胞的层次造成改变。这有点像一层推向一层的波浪运动，意思就是：每种形态的疾病都是从能量的层次衍生出来的。

常有人谈到"能量体"，但事实上，并没有能量体的存在，不过却有各种影响能量体的因素。

我现在要描述的能量系统是一起运作的，通常是在我们的意识无法觉知的情况下。能量系统包括经络、脉轮、气场（形态场系统）和丹田。我并不准备仔细描述这些系统，因为每一套系统本身就可以写成一本书。而在本书的第三部里，我会谈到脉轮和气场。

此外，身体的架构也很复杂，其中免疫系统、内分泌系统和心血管系统会互相影响。

我们的身体非常倚赖能量代谢，这样的代谢日夜都在进行。打个比方：就好像我们的屋子里有电流不断流动，我们的身体里也有能量不断在流动。

我们必须学着了解身体的讯号，这样它才更能为我们所用。**我们住在自己的身体里，必须学着让身体成为自己的朋友，而第一步是学习聆听。**

藉由让身体成为自己的伙伴，而不是自己的奴隶，我们就可以在通往自我实现的路上享受到蓬勃活力。许多人不断和他们的能量对抗，因为他们不知道自己的身体需要什么。我们会好好照顾自己的车，却不会好好照顾自己的身体。

我们的身体也经常发出非常清楚的讯号，但我们却以错误的方式处理这些讯号。例如头痛了，就吃粒头痛药，然后继续愉快地往下走。有些讯号很微妙，例如痒、声音沙哑、有点疲倦、有点痛；有时候，这些讯号又大声又清晰，大喊着"救命"，然后我们就病得很严重了。

如果你想成长，想与自己的灵魂沟通得更好，那么就必须学着多留意身体发出的讯号。所有系统，包括身体、心智、潜意识和灵魂，都很重要，都是你人生意念的一部分。

每一套系统都值得你关注，都彼此连结、不可分离。这表示，如果你只留意其中一个，那么其他系统迟早会出问题。一旦你更了解能量，那么你也会有更适当的反应。

身体健康

身体健康？这不是陈腔滥调吗？

身体最基本的需求是营养和休息，但还包括运动。如果运动量不够，身体的功能会变差，会因为有毒物质和压力而受到限制，并负荷过重。

好消息是，你的身体并不在意你何时动、如何动。不管怎样，你整天都在你的身体里，拖着它到处去。觉察身体何时需要动是一门艺术。以爬楼梯代替搭电梯；把车停远一点，多走几步路；花二十秒冲刺一小段距离；天气好的时候骑单车；冲掉头发上的洗发精时，蹲在淋浴器下方冲洗；偶尔伸展一下身体，把膝盖打直、身体往前弯，让上半身软绵绵地瘫着；深呼吸十二次。有许多事情可以让自己的身体忙碌，当你有意识地去动身体时，运动量就已经过多了。要知道，你的身体并没有随时代进化。

也请注意自己吃的食物。要察觉你吃东西不只是因为食物美味，更因为你想保持身体健康、保持好身材。如果你丢进身体里的是垃圾食物，又如何能期望身体会继续以最佳状态运作呢？

请多喝水，用维他命来保持身体健康。你值得这样的待遇，也应该得到这样的待遇。

请看看图26里面，你缺少了哪一环。

图26

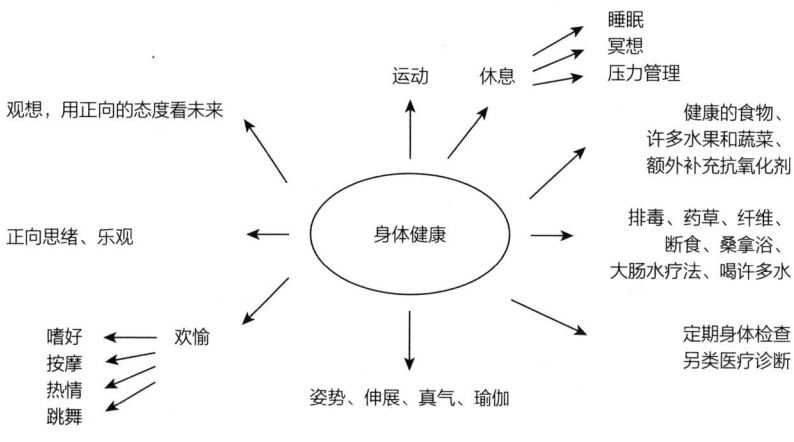

身体健康的要素

运动

我们刚刚已经谈过这点了。"动"的重点在于，你不断向自己挑战，让身体变健康。固定的运动创造出基本程度，在运动中加入变化则会创造出健康。因此，有时骑单车，有时游泳，身体就会越来越强健。

也可以试试偶尔跑得非常快，然后再恢复正常速度（就是所谓的"间歇训练"）。这个方式也可以用在骑单车和游泳等运动。

平衡

动的反面是休息。睡眠是休息不可或缺的，而要睡得好，必须学习放松。偶尔打断日常作息，去察看自己的内在（静坐、冥想、午睡），就可以学会放松，然后你会找到最理想的压力处理法。

营养

食物越天然越好，最好购买没有喷洒农药的有机食物。你的饮食应该以新鲜蔬果为基础。此外，应该多喝水，并额外补充抗氧化剂（维他命）。

排毒

你必须不时替汽车换油，同样的，身体也需要解毒。要替身体解毒，可以利用药草（例如美鼠李皮。**译注：是一种缓和的通便剂**）、纤维（例如洋车前子）、断食（例如有两天只吃水果）、桑拿浴（每个月至少洗一次）、大肠水疗法，以及喝许多水。

姿势

坐或站的方式也会影响你的感觉，所以要多留意姿势。经常伸展很重要。如果你想养成好姿势，建议你做瑜伽或真气。

另类医疗的身体检查

每年至少要找正规医疗的医生做一次全身检查（检查血液、血压、眼压等），同时也要找一位懂得预防测试（preventive testing）的另类医学治疗师进行检查。感觉好、看起来好可能是陷阱，因为你可能以为自己很健康，其实却不是这么一回事。

欢愉

在生物学上，你被设计成欢愉有益于你的健康和免疫系统。身体本身会制造"欢愉",也就是会制造让整个身体快乐的生化物质。你应该每天开开心心地过日子,笑啊,跳舞啊,唱歌啊等等。要带着热情过生活,每天感谢你的身体和你得到的恩赐。偶尔按摩一次,也找个能让你开心的嗜好。

正向思维

你必须学着培养正向的思维、感觉和信念。此外,请参阅第七章,去重设心智程序。现在,你应该已经开始每天做五大元素穴点的练习了;如果还没,现在就开始吧!要乐观,同时要把你的正面性传送到周遭。

预见未来

你的心智会与你共同创造你未来的模样。借着规律地(例如在睡前几分钟)观想你的未来——尽可能把未来想得正向而美丽——你便掌着舵,航行在有无限可能的"量子汤"中。身体喜欢这样的观想,而且这么做对身体有益。

身体健康的结论

别忘了,外表可能会骗人。我认识有些人在病得很严重时,看起来还是很好。一个外表瘦而有活力的人,很可能胆固醇过高或长了肿瘤,只是还没发现。这种人的免疫系统甚至可能很衰弱,容易受各种事物影响。

要将保持身体健康变成日常作息，这点很重要。如你所见，有许多因素共同决定了你长期的健康。我希望你看见这点的重要性，定期做身体检查。

对某些人来说，财务健康可能是一大挑战。不过，这种人往往没有优先考虑自己身体的活力，于是落入身体和财务问题的恶性循环中。

身体健康不只影响你的能量，也会影响你体内的生化过程和细胞过程，这是最被忽视的面向。现在你已经知道，许多事情都与你的能量有关，所以请制作一张表，列出在身体健康方面，你需要改进的部分。

太过认真是最常出现的死因之一，即使讣闻中从来没提过这点。大部分的人把人生看得太严肃了，因此变得僵硬、不灵活，溺死在自己的责任里。

太过认真是人类最大的杀手之一，所以要热爱人生，学习放下，学习享受更多。

能量的健康：情绪平衡

接下来，我们要看看身体的能量面。在这一章里，我们把重点摆在经络。利用"情绪平衡法"，我们会同时影响经络、脉轮和灵魂。稍后我会再探讨脉轮。

经络是身体的能量输送系统，输送能量的经络主要有十四条，遍布全身。当你启动五大元素穴点时，就打开了所有经络通道，也就越来越能体验到生命的活力。

经络让特殊的穴道彼此相连，这些穴道是由数百个小小的电磁和红外线储存器构成的，位于肌肤正下方，也叫做针灸穴。这些穴道可以用针、光（雷射）、按摩、拍打、声音和其他方法刺激，刺激的目的在吸收能量，或是让能量自然流动。

能量体随着最小和最大能量的节奏变化，就像低潮和高潮。针灸穴位于肌肤表面，不过经络却连结所有器官、组织和肌肉，它们是所有身体能量的通道，就像血流之于血液。

有十二条经络与身体其他部分连结，将身体分成十二个部分，然后根据主要器官，或与其他部分连结的组织命名。另外两条经络则和其他经络不同，独立成一体，流通于人体的正中间。在身体正面流动的称为"任脉"，身体背面的则是"督脉"。十二条经络彼此间形成了连续的能量连结，这两条独立的经络则连结内在与外在的世界，与气场的关系较为密切。

测量仪器已经证实了经络的存在，甚至传统的正规医界也已经观察到经络的存在。经络会影响每个器官，也会影响体内的生化过程，例如免疫系统、内分泌系统、呼吸系统、肌肉、循环、淋巴系统和消化系统。此外，经络对细胞也有直接和间接的影响，一旦某条经络受阻，就会影响到肉体。你可以把经络看做一套复杂的输送系统，而能量可能会被卡在其中。

图 27 显示的是我们在"情绪平衡法"中用来让经络彼此再度达到和谐的十四个穴道。我会一一描述这些穴道，并提供特定练习，帮助你达到能量均衡、身体呈现最佳状态的境界。你可以在做完五大元素穴点之后，紧接着做这个练习，五大元素穴点最初就是从这些穴道衍生出来的。

图27

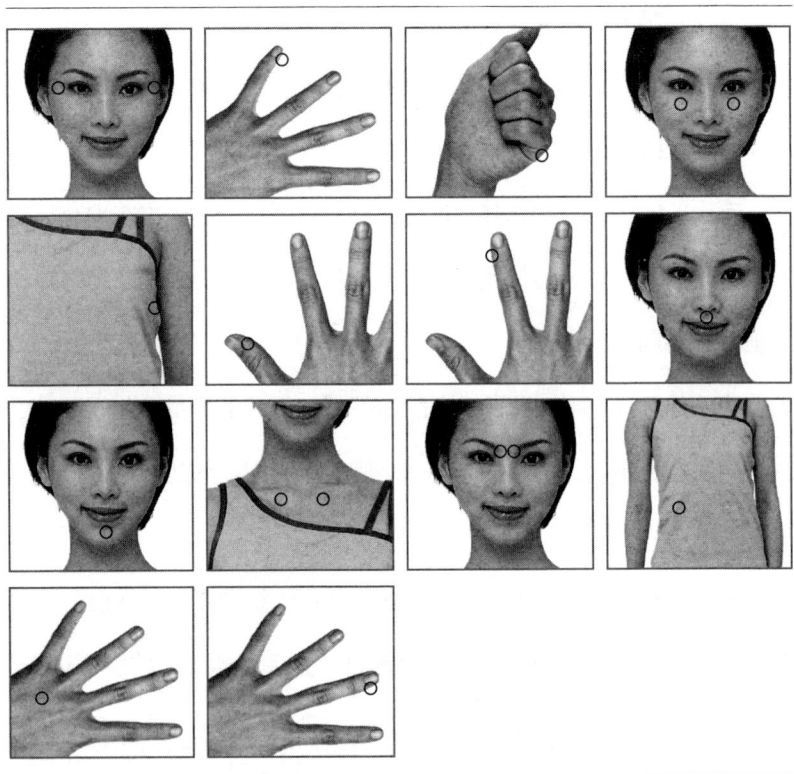

结合这两个系统会为你带来额外的好处。一天至少按这些穴道一

次(一天三次是最好),就会逐渐影响灵魂和心智,身体也会因此更有活力。

十四种情绪穴道

1. 缺乏安全感(膀胱经)

膀胱经是最长的一条经络,流经人体背面。从眉毛开始,流经脖子和背部,直通到小脚趾。属于这条经络的情绪包括:优柔寡断、无能为力、没有意志力、无法或很难下决定、没有效率、情绪不稳、缺乏安全感、绝望、没耐性、怕冒犯他人。

给你的练习

闭上眼睛几分钟,冥想让你感受到这些情绪的情境,然后用一根或两根手指有节奏地轻敲情绪穴道1(可以用一只手的食指和中指,或是两只手的食指去敲),同时把注意力放在你想在这些情境中感受到什么,并加上下面的肯定句:

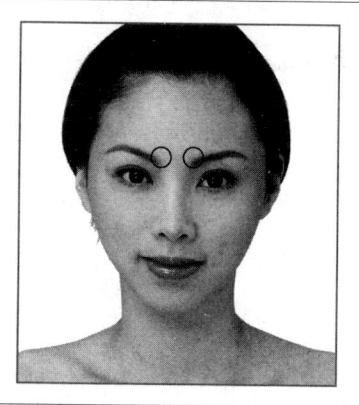

图28 情绪穴道1:缺乏安全感

"我接纳并尊重我自己,即使当我在这些情境里觉得缺乏安全感时。我爱我自己，直到心灵最深处。从我第一次感受到这些情绪开始，我就百分之百放掉它们，而且我选择从现在开始，在这些情境中感觉安全，感觉有力量。"

如果缺乏安全感是你生命的主题，或者你发现自己很难做决定或很难冒犯他人，那么这就是你必须定期做的练习。然后重要的是，要不断地把自己摆进你觉得有压力的情境中。

其他和这个穴道有关的毛病包括：脖子酸痛、头痛、背痛、疝气、腰痛、腿的背面疼痛、额窦炎，以及免疫系统虚弱。当你有这些病痛时，可以把上面那个肯定句改写一下：

"我接纳并尊重我自己，即使在背痛（可以代换成你有的上述病痛）发作的时候。我爱我自己，直到心灵最深处。从我第一次感受到背痛开始，我就百分之百放掉背痛这个需求，而且从现在起，我选择在所有情境中都感觉安全，感觉有力量。"

主题：缺乏安全感与灵魂

一旦你认清膀胱经的这些情绪是你生命中的重要主题，那么你要面对的是一个选择学习支持自己、发现自己力量的灵魂。这是一个沉重的主题，因为你从小接受的养育方式让你缺乏安全感，于是你怀疑自己，怀疑自己要走的方向，怀疑自己是否够坚强、够勇敢。

你"必须"再度相信你自己，"必须"再度重设你的心智程序，让你相信自己是有力量而神圣的。你"必须"在可能失败、可能尴尬的情况下，再度拥有平静。你"必须"再度学习不在乎他人的情绪。

你"必须"开始相信自己拥有的比你一直以为的还多。

进行属于这个主题的练习,并将它与恐惧(肾脏)、缺乏自尊(脾脏)等主题结合在一起(见图29),你就会透过这个"黄金三角"找回自己的力量。

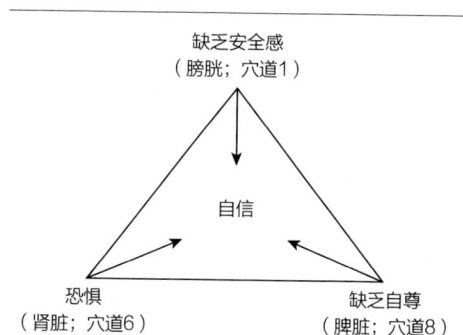

图29

2. 挫折感(胆经)

胆经起于两眼外角,然后循行于身体侧面,对肌肉也有影响。因为胆经阻塞而引发的情绪有:挫折感、痛苦、投射在他人身上(永远不是你的错)、指责、觉得自己像受害者、拒绝担负责任、优柔寡断、羞愧、懊悔、忧郁、恼怒、很难宽恕并放下(会念念不忘某事好长一段时间)、不讲理、过度反应、易怒、爱挑衅、有攻击性、粗鲁、觉得被虐待和利用(觉得这个世界不公平)。

给你的练习

闭上眼睛几分钟,冥想让你感受到这些情绪的情境。有节奏地轻敲情绪穴道2,同时将注意力放在这些情境带给你的感觉,并加上下面的肯定句:

"我赏识并尊重我自己,即使在我失控、感觉挫败、恼怒的时候。我接纳我自己,直到心灵最深处。我完全放掉这些情绪,从我第一次体验到这些情绪开始,到现在,然后一直继续下去。我选择从现在起,在所有情境中都把握住自己的力量,不允许外在环境打扰我。"

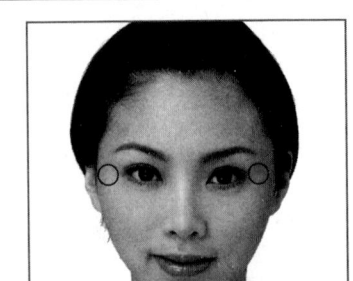

图30　情绪穴道2:挫折感

如果你有上面提到的某些情绪(把那些情绪列出来,写下你觉得挫败的原因),或者如果你很难放下过去,或老是觉得被冒犯,久久不能释怀,那么你就可以确定你的胆经循环不顺。这时,请做这个观想及肯定句。

还有,如果你的肌肉出现问题,太阳穴酸痛导致头痛、脖子痛或屁股痛,也一定要这么做。

主题:挫折感与灵魂

一旦你认清胆经的这些情绪是你生命中一再出现的主题,那么你选择的就是一个学习负起自己责任的灵魂。你必须学到外在世界是你内在一切的投射,只要你没有学到这点,就会一直在自己以外的地方找到缺陷,一直觉得是别人对你做了"那件事"。你握住自己的痛苦久久不放,因此,你的第二个主题是学习放下。过去就过去了,而你必须替你所谓的负面经验加上某些意义：它们是重要的正面功课。

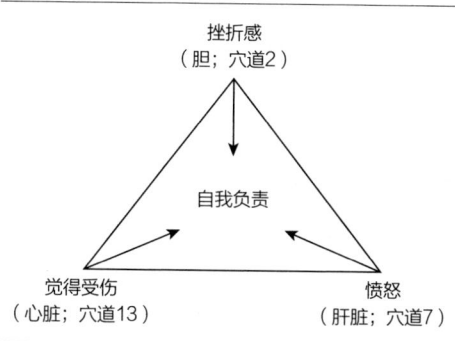

图31

挫败意味着你正在学习某样新东西，但你还不知道是什么。你必须再度开始相信你的人生意念是正向的，相信你来到人世间是为了有所贡献，而你的贡献对许多人而言相当重要。你必须再次相信你的人生值得活下去，你会再度掌控自己的人生，而不再是个受害者。

进行属于这个主题的练习，同时结合觉得受伤（心脏）和愤怒（肝脏）的穴道（见图31），你可以更快速地利用这个"黄金三角"，重设自己心智和灵魂的程序，并放掉过去。

记住，你的首要之务是学会放松、和缓，并为发生在你生命中的一切负起责任。

3. 忧虑（胃经）

胃经是一条特殊的经络，因为它在阴中生阳。人体的正面是阴（较专注于内在的能量），人体正面的所有经络都是阴。胃经是唯一一条与身体背面的阳（较专注于外在的能量）交错的经络。

属于胃经的情绪都与对未来的预期有关——担忧会发生的事情。这条经络对于神经系统有极大的镇定作用，有助于缓和戒烟造成的恐慌和焦躁。

其他因胃经能量阻塞而造成的情绪包括：过度担心、抗拒所做的事、厌恶、妄想行为、自私（不关心他人）、冷漠、很难信任别人（不断担心别人无法信守诺言，或怀疑别人会反对你）、失望、贪婪（例如很难把钱花在别人身上）、不满（有东西在你内在啃噬着）、对匮乏的恐惧（只要别人插队，你就勃然大怒）、对未来的恐惧、嫌恶。

另外，胃经与胃、胸、下巴关节、听力、颈部、肺部、臀部、膝盖和脚踝有关。

给你的练习

闭上眼睛几分钟，冥想带给你这类情绪的情境，例如考试、难熬的对话、面对让你忧虑或神经紧张的情境、令你厌恶的情境或人、怀着抗拒所做的事、害怕得不到某样东西、因为可能出错而让你害怕的事情。在专注于这个情境和感觉的同时，有节奏地轻敲情绪穴道3，平静地吸气和呼气，并背诵下面的肯定句：

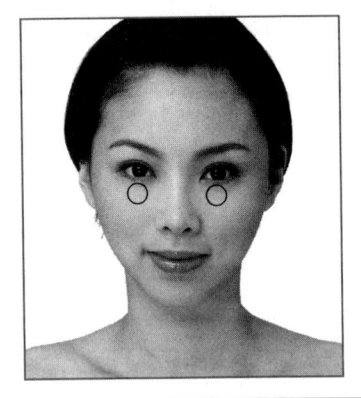

图32　情绪穴道3：忧虑

"我接受我自己,直到心灵最深处,即使在我紧张或担忧某事,或者在我怀着厌恶和焦躁的心情面对某情境的时候。我放掉忧虑或紧张的需求,选择从现在开始,在所有情境中都能感觉平静和放松,并把握住自己的力量。"

列出所有让你忧虑或紧张的事,针对这些项目下工夫,直到这些事情不再影响你。

主题:忧虑与灵魂

如果这类情绪是你生命中的主题,那么你的灵魂选择在这一生中,把你跟你那更高层次的自我连结,并在其中找到掌控之道。当你透过冥想、真气、气功或瑜伽连结时,你会体验到一切都很美好,你很容易放下一切,然后感受到澄明、泰然、平静。

你必须学习信任,但在那之前,你必须先学会放掉对未来的忧虑。此外,你必须学习的另一个主题是:学着不再那么担心你自己,然后要学着更愿意服务他人。

忧虑表示你不信任,你将负面能量传送到未来,如此你将会召来更多你不想要的情境。而藉由成为当下生命的主人,你就会向前大跃进。

将这个主题的练习,与

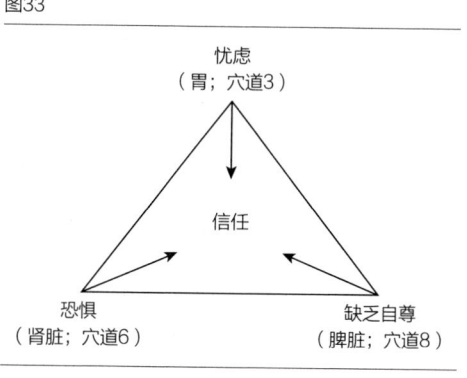

图33

恐惧（肾脏）和缺乏自尊（脾脏）的主题结合在一起，就会产生一个有力的"黄金三角"（见图33），而这是让你有自信、让你平静地活在当下的基础。

4. 压力（督脉）

督脉起始于上嘴唇（人中部分），行于背部中间，直达尾骨。这条经络连结所有内部器官、神经系统和内分泌系统（荷尔蒙）。这是一条非常有力的经络，对慢性疾病和生命力的影响尤甚。

因为督脉与脊椎紧密联系，因此在处理外界刺激方面相当重要。它在压力的处理上扮演了重要角色。压力是一种内在的紧迫感，当我们觉得受威胁、觉得外界的力量似乎大过我们自以为能够掌控的程度时，就会形成压力。换言之，我们担心自己能否处理源源不断的信息流，以及别人对我们的期望。

而我们的身体并不是设定来面对长期压力的，那样的压力可能会大幅削弱我们的再生能力，所以在低潮时（休息状态），身体并没有恢复平衡，于是外面的世界会逐步盗走我们的生命能量。

大量的困扰蜂拥而至并不代表会有压力，压力是来自我们处理困扰的方式。有人可能会在挑战不够的时候觉得有压力，也有人是因为不断面临新的挑战、无法放松，而觉得有压力。

给你的练习

闭上眼睛几分钟,观想让你觉得有压力的情境。想想工作时的情境、在家的情境、社交的情境,哪一种让你紧张?去感觉你在这些情境里会有什么样的感受。然后用一根手指轻敲情绪穴道4,深深吸一口气,再平静地呼出,放松肩膀、脸及整个身体。

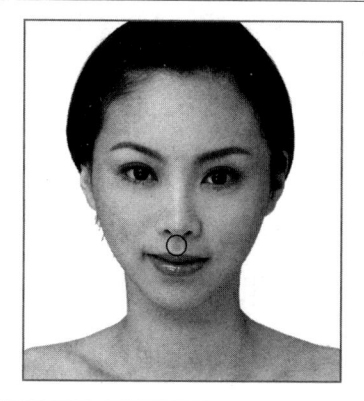

图34　情绪穴道4:压力

专注在这个情境中,直到你感受到平静,然后背诵下面的肯定句:

"我放松,觉得平静、有力量,得到休息,就算处在以前带给我压力的情境中也一样。我完全接纳我自己,允许自己去享受有压力的情境,现在如此,永远如此。我现在放掉所有压力,直达我的最深层,而且从第一次体验到压力开始,我就这么做。在处理所有带来压力的情境时,我都能感受到平静。"

列出让你觉得有压力的情境,也列出你需要什么样的特质才能将这些情境处理得更好,并把握住自己的力量。针对这些事情持续下工夫,直到你觉得在所有压力的情境里都能感受到百分之百的沉着与平静。

主题：压力与灵魂

当你经常感觉到压力时，你的灵魂显然是专注在某些你会感受到抗拒的领域，因此你必须疗愈自己。

你让自己很容易就脱离你的力量，被拖进世界的幻相中。你必须学会没有任何人、事、物有力量控制你，甚至死亡也无法控制你。当你因为觉得自己表现不当或不够好，而放弃了自己的力量，那你的身体迟早会出问题。

压力是个沉默的杀手，会吸走生命的能量。你所吃的食物可能会对你的身体造成压力，而你的想法和你对待身体的方式也会。运动太过量、缺乏睡眠、太努力工作都是你没有学会聆听身体讯息的征兆。

处在压力中的时候，呼吸很重要。花个五到十分钟，平静地呼吸。最好也强制自己冥想。

每天做图35这个"黄金三角"的练习——结合情绪穴道4与缺乏安全感（膀胱）、缺乏自尊（脾脏）的穴道——持续几个月，你的灵魂和心智就能在所有情境中都对压力免疫。

无论面对任何事，你都可以保持镇定，深信自己，充满自信，而这是发现世界与处理许多挑战的基础。

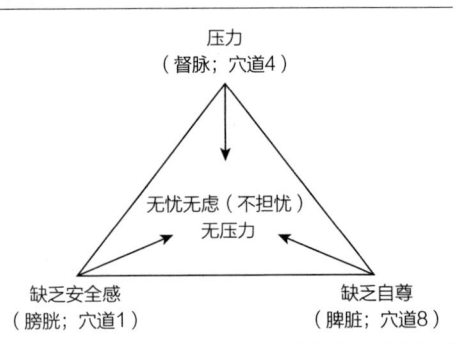

图35

5. 被压抑的情绪（任脉）

任脉就像督脉一样，位于人体的中央线。它起始于人体正面下巴和下嘴唇中间，一路从身体正面走到会阴。

任脉和督脉一样，与内在器官连结，除了头部的区域之外。任脉也与生殖荷尔蒙和生殖器官（前列腺和子宫）有紧密的关联。

这是一条强而有力的经络，对急性压力和对环境的反应有重大影响。当急性压力出现时，身体会混乱几个小时，准备进行"战或逃反应"。在这种情况下，急性压力就是来自日常生活中没有预期到的触发因子。

我们常因为好面子，而假装自己没有受到压力。我们学会压抑自己的情绪和感觉，而且非常擅长此道，擅长到甚至相信自己没有压力。有时候，这会导致情绪爆发，我们会变得不可理喻，小题大做，反应甚至大到会吓坏自己。

压抑情绪发生的频率比我们了解的更高。长时间压抑可能会影响子宫和前列腺等相关器官，造成子宫肌瘤和前列腺肥大等疾病。

学习接受自己的情绪，给情绪一个位置，然后处理它们，这是一种艺术。压抑情绪会影响我们的灵性生活，因为这样做夺走了我们疗愈灵魂的机会。

给你的练习

闭上眼睛几分钟，观想让你有难以应付的情绪（例如愤怒、恐惧、不安）的情境。好好想想让你觉得脆弱、你不愿表露在外的情绪。

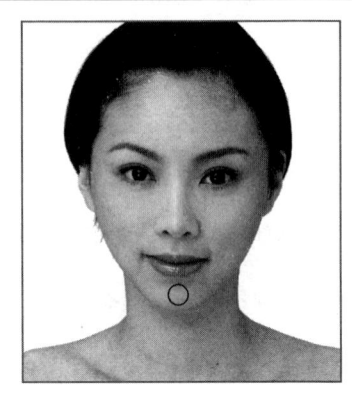

图36　情绪穴道5：被压抑的情绪

现在就让自己去感受并体验这些情绪。重要的是不要跟情绪搏斗，就像你有时候会忍住泪水，不让别人看见。是人就会有情绪，请接受这一点，这样情绪才能帮助你成长并疗愈灵魂。

平静地深深吸气、吐气，努力用腹部呼吸。放松你的肩膀、脸、双手和整个身体。继续敞开胸怀，体验这些情绪，然后开始治疗你的心智——有节奏地轻敲情绪穴道5，并加入下面的肯定句：

"我爱我自己，接纳我自己和我的脆弱，而且允许自己体验并接纳所有情绪。我从最深层百分之百放掉压抑情绪的需求，从我第一次压抑情绪开始就如此。我选择在所有情境中都完全做自己，现在如此，永远如此。"

列出所有你不易表露的感觉，以及让你容易压抑情绪或不显露情绪的情境。针对这样的情境下工夫，直到你可以在不期待别人给予任何东西的情况下表现出脆弱。

主题：压抑情绪与灵魂

当你有压抑情绪的倾向，那表示你认为自己很敏感，因此你必须保护你的灵魂和你自己免受痛苦。然而，脆弱是通往真诚（完全自由）和灵魂疗愈之路，所以压抑情绪会对你的灵性进化造成很大的阻碍，让你变得太过理智，把你和你的心隔得远远的，这很危险。而这也代表你的人生道路会被阻断，所以要对这样的阻碍保持警觉。

当你心中有被压抑的愤怒时，通常表示在你的教养过程中，你学到侵犯别人是不可以、不被鼓励的，你必须压抑所有形式的侵犯行为，而这会让你的情绪生活变得十分贫乏。我们来到人世间，是为了允许所有情绪出现，这样我们才可以学着去体验，然后疗愈。而我们发现，被压抑的愤怒尤其会表现在背痛和所有慢性疼痛上（超过百分之八十）。

走上治疗之路的第一步，是去发现允许愤怒存在是什么感觉，然后欣然接受愤怒就是能量，并与心中的愤怒做朋友。你一定要意识到，压抑感觉会对你自己造成损害！

结合被压抑的情绪（任脉）、觉得受伤（心脏）和被压抑的性欲（心包）等穴道，就会出现一个强而有力的"黄金三角"（见图37）。整合这三大主题之后，你会觉得表达自己的感觉是可以的，脆弱是可以的。最后你会走向真诚，在所有情境中都可以完全地做自己。

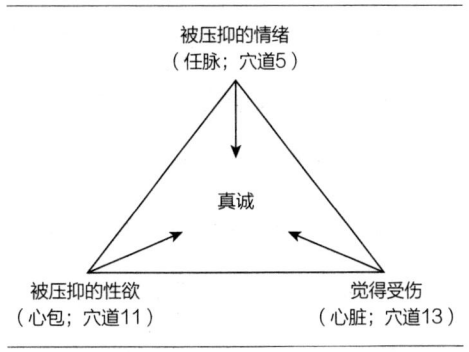

图37

6. 恐惧（肾经）

肾经始于足部下方，流经腿部内侧和鼠蹊部，来到锁骨下方的某一点。肾经非常重要，因为根据东方占星术，肾脏包含了祖先的能量，是我们存活下去的能量。一旦失去那份能量，我们就会退化。

肾脏和肾上腺属于同一套系统。西方观点认为，肾上腺是身体的蓄电池，必须不断利用休息和睡眠补充能量。如果补充的能量不够，就会筋疲力竭，并出现长期倦怠的情形。所以花时间把能量充饱非常重要，而冥想是必要的。

肾脏会出毛病，是因为慢性压力，以及无法用适当方式处理情绪所引起的。耗弱肾脏能量最重要的情绪是恐惧，而其他影响肾脏能量的情绪还有：几乎不信任或根本不信任、怀疑、知道自己被利用或虐待、心神不宁、觉得不安全、害怕所有事物。

灵魂会召来情绪，让我们知道自己还有哪些未处理的创伤，还要面对什么样的事情，而恐惧是其中最强烈的情绪。然而，我们的心智有逃避倾向，于是这里就出现一个必须解决的大冲突。恐惧是通往生命进化的一扇门，透过勇敢面对恐惧，我们往前大步跃进，得到更多任由我们支配的生命能量。

如果不勇敢面对恐惧，我们就要冒着这样的风险：无法真正地活着，某些门永远不会为我们而开。而我们必须克服的最大恐惧来自对立、被拒绝和死亡。

恐惧对立让我们正视自己：我们敢把握住自己的力量，并与爱连结吗？或者我们会允许自己因为害怕，而选择容易的路？

因为逃避对立、装做没什么事，我们不仅让自己陷在旧有的业力模式中，同时也否定掉了对方向前大跃进，走上另一个层次的机会。我们成了陷在对方业力循环中的"帮凶"。

如果可以用中立、充满爱的态度勇敢面对"对立"，并且在不批判、不指责、不带情绪，且不期待回报的情况下，将我们看见的事物告诉对方，我们就会学到"对立"其实是爱：是对我们自己的爱，也是对对方的爱。

怀着这样的心情，我们也勇敢面对被拒绝的恐惧。我们接受每个人都可能会拒绝我们，这是人生的一部分，每个人都有权利不让别人越雷池一步。因此，如果别人拒绝我们，我们很高兴他头脑清楚。此外，我们尊重他的选择，而且知道这不是针对我们个人。如果我们真正了解这一点，就永远没有拒绝，只有选择。

死亡的恐惧是人类有机体的恐惧，这个有机体想要像我们一样：永远不死。有时候，我们接手那样的恐惧，这就表示我们并不认同我们的灵魂（我们真正的本性），而是认同了我们的肉体（那个"非我本性"）。我们的心智会表现得好像他就是我们，于是我们困惑了，以为我们就是我们的心智。

死亡的恐惧是恐惧放下我们所知道的一切、恐惧未知。事实上，并没有"未知"，死亡是放下，离开这个我们自以为认识的三度空间世界，然后回到那个我们所属的已知世界。在那里，一切安好，我们又回复了平静。

克服死亡的恐惧是跨出人生的脚步，接受我们正走在一趟短暂的旅程中，来到一个充满限制与幻相的空间。只要没有觉察到这点，我们就还没有准备好要成长，而且会允许自己被恐惧和幻相支配。所以，勇敢面对自己的恐惧，是灵魂进化中最大的一步。

给你的练习

闭上眼睛几分钟，观想让你恐惧的情境，尤其是对立、拒绝、死亡，以及其他你偶尔会体验到的恐惧。允许你自己去感觉那些恐惧，从你的深处去体验它们——你在哪里感受到恐惧？知道自己的恐惧对你有何作用？

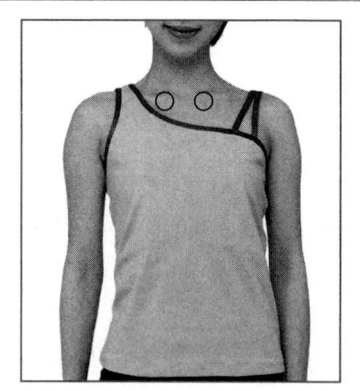

图38　情绪穴道6：恐惧

不要对抗恐惧，而是允许自己去感受。接受你心中有恐惧，接受这是人类的一部分。平静地吸气、吐气，努力运用腹部呼吸，速度尽量慢，同时完全专注地体验你的恐惧。放松脸部、双手、背、腿和整个身体，然后有节奏地按摩或轻敲情绪穴道6，并加上下面的肯定句：

"我爱我自己，直到最深层，包括我的恐惧。我尊重自己，勇敢面对恐惧，并且不让任何事物阻挡我体验爱。我选择从现在开始，百分之百克服这些恐惧，同时在对立、被拒绝，以及知道这一生终会走到尽头的过程中，体验平静与爱。"

列出此生所有你体验到的恐惧的面向，包括已经"消失"在背景中的那些面向。让自己面对这些面向，直到它们对你的人生不再有任何影响。请确定死亡不再带给你恐惧，而且你会以中立而充满爱的态度去面对对立。当你经常做这些练习，你的人生就会转变，许多方面都会变得更愉快。

主题：恐惧与灵魂

每个人都有恐惧：恐惧变老，恐惧患癌，恐惧退化，恐惧依赖，恐惧孤单，恐惧无法成功，恐惧无法保持成功的状态，恐惧失去财产，恐惧从显要的地位掉下来，恐惧在大众面前讲话，恐惧死亡等等。于是出现了各种事物的恐惧症：蜘蛛、针、手术、火、爱等等。

恐惧形成所有情绪的基础——对放下的恐惧导致悲伤，对未来的恐惧导致忧虑。所有情绪都源自于某种恐惧，所以恐惧很重要，因为它们总是指向灵魂的某种创伤。恐惧会产生最大的抗拒，而抗拒则指出你必须学习和放松的方向。没有恐惧，就没有进化。

我们必须区别恐惧是来自肉体，还是来自灵魂。

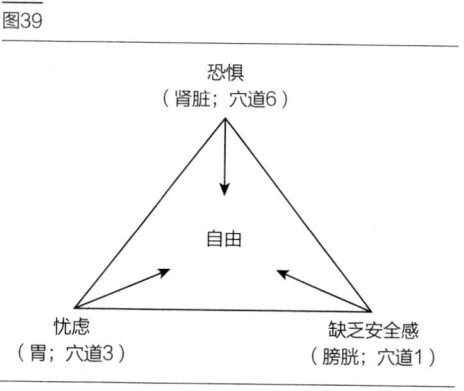

图39

第九章　身体是无形力量的游戏场：决定能量健康的因素

肉体的恐惧与生存及自我坚持有关。当这些恐惧扩展到不可理喻的地步，导致我们对生命设下限制，那么战胜恐惧就变得非常重要，搭飞机的恐惧就是其中一个例子。

而当灵魂有了恐惧，我们便会恐惧连结，例如恐惧爱、恐惧承诺。我们不想约束自己，就说这是自由。其实自由是勇敢面对放弃自由的抉择，以得到其他东西做为回馈，例如合伙关系。当我们无法约束自己，我们就没有自由，而是陷在自由的幻相里。

勇敢面对你的恐惧很重要，而且要非常深入，直到你能够再度体验到安宁、爱和中立。臣服是自由，是放下你知道的一切；而体验那份未知，并允许那份未知来到你面前，则是终极的自由（信任）。

自由是相信一切最后都会好转。藉由放下所有的恐惧、忧虑和不安，我们便可以经历到这样的自由。然后我们的内在会体验到深刻的安宁，这份安宁来自于相信事情会好转。如果我们想体验真正的灵性，那么这就是实现的方式，而且可以藉此打开我们的心胸，迎接更崇高的源头。

7. 愤怒（肝经）

就能量和生物化学的角度来看，肝经非常重要。肝经始于足大趾外侧，沿腿的内侧上行，经过鼠蹊部，来到肝脏区。肝脏负责处理来自人类的有毒物质，中和、分解并消除这些来自外部和内部的毒素，这个过程决定了我们生命和能量的质量。如果我们储存毒素而不是移除毒素，那么我们的生物年龄就会减少，并失去珍贵的能量。

可能变成肝脏最大毒素的情绪是愤怒。愤怒本身没有正负之别，不过如果没有妥善处理愤怒的情绪，它可能会对我们不利，甚至会导致身体疼痛、退化、癌症和自体免疫疾病。

愤怒往往被视为某个外在事件的结果：某人做了某事惹我们生气。然后对于如何处理那份信息，我们有了选择：是要表达出来，吞下去，还是事后再反应？我们必须学习的是：愤怒是灵魂创伤的记忆，等疗愈好创伤，同样的事件就不会再激起愤怒。

这并不表示我们必须自动接受任何情境，但我们永远可以选择有爱心且中立的对立方式。没有任何事是针对个人，对方的每个行为都源自于他的过去，源自于他心智的制约、他灵魂的进化，以及那一刻他所觉察到的情绪状态。我们只是一场大型的西洋棋游戏上的一个卒子，在那个时刻"必须"出现在那里，好让灵魂进化。

我们也可以选择退回到我们心智的旧行为里。你生气了，而事后如何处置那股能量，依你觉醒的状态而定。我希望读完本书后，你会选择疗愈之路。

愤怒永远与心脏相连结，觉得受伤（心脏）是我们愤怒的原因。愤怒的理由没有太大意义，有关系的是我们自己对现实的诠释。当我们觉得不受尊重，因为别人的行为让我们找不到尊重感，那么我们可能生气，也可能不生气。如果我们以中立且充满爱的态度观察对方的行为，可能就会发现这个人的行为源自于他自己的痛苦与悲伤。许多人至今还因为他们的过去而愤怒，他们将这个愤怒投射到世界，让别人跟他们一起受苦。他们是自己的过去的受害者，他们的人生也因此失控。

问题是：我们要跟着他们一起陷入那样的情境，还是选择走自己的路？会受伤往往是因为原本就有伤，这样我们的伤才会对别人的行为有反应。当伤口痊愈了，我们就会对情境的触发因子做出不一样的反应。

给你的练习

请闭上眼睛，先专注在呼吸上，让自己进入休息状态。非常缓慢地吸气、吐气，不管发生什么事，都继续做这样的呼吸动作。放松肌肉——脸部、脖子、肩膀、手臂、双手、背部、胸部、腹部、双腿、双脚——直到你觉得完全平静、完全放松。

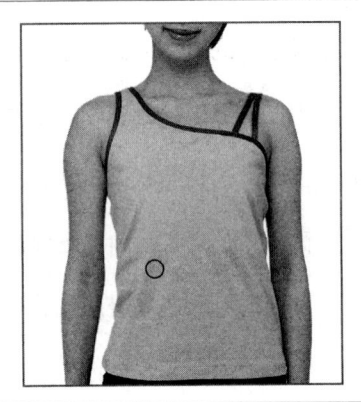

图40　情绪穴道7：愤怒

回到让你愤怒的情境，观察在那些情境中发生了什么事？是什么原因让你愤怒？这对你有何影响？你有什么样的批判？你在哪里感受到愤怒？如果你放掉那股愤怒，会怎么样？没有了愤怒，你会是什么样的人？你为什么需要愤怒？你的愤怒给了你什么？你在对方身上投射了什么？如果你在对方身上看见的一切，正是你自己的反射，该怎么办？知道你责备对方的东西，自己身上也有，那你该怎么做，才能宽恕自己？如果放掉过去的伤痛，你会有什么感觉？如果用中立的态度重新体验这个情境，而且知道这个情境不是针对你个人，那会如何？知道对方将他自己的痛苦投射到这个世界、投射到你身上，那又会怎样？如果你把爱传送给对方，并为了你自己去体验爱，会怎么样？如果你怀着中立且充满爱的态度，勇敢面对这样的情境呢？你需要什么样的特质才能做到这点？如果你现在允许自己拥有这些特质，会怎么样？

让这一切渗透进来，按摩或轻敲代表愤怒的肝穴道（情绪穴道7），同时说出下面的肯定句：

"我完全接纳我自己和我的愤怒，直到灵魂最深处。我完全意识到我的愤怒与灵魂尚未处理的创伤有关，因此我选择宽恕自己和对方，并在平静与爱中转化我的愤怒。"

列出触发你心中愤怒的事物或情境，就连小事情也不放过。疗愈过去的一切是你的任务，如此你的灵魂最后才能摆脱此生受到的许多伤害。

主题：愤怒与灵魂

当我们对世界的看法与现实冲突时，我们的心智就会生气。愤怒是一种能量，源自于不公平的感觉，是一种让人采取行动的力量。行动可能是外在的，让人有一种愤怒缓和了的感觉，因为透过行动，我们转化了那股能量。不过，除非那个行动是出自于爱，否则那样并非疗愈。

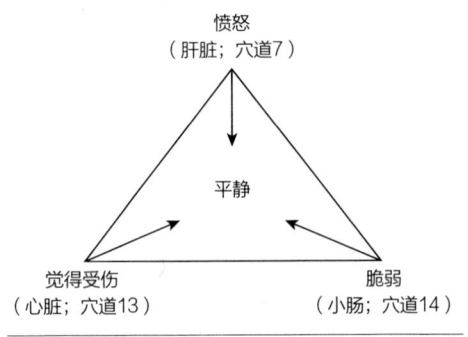

图41

愤怒并不是爱的反面，而是倒转了的爱的能量。漠不关心才是爱的对立面，当我们不再关心时，就表示爱消失了，我们的某一部分死了。

愤怒是爱的能量。我们采取行动，是因为我们爱自己，或者因为我们爱对方。当那样的爱毁了对方，那我们就创造了一个业力连锁反应，而且只有当我们为了爱，而不是为了侵犯别人而选择再度回到相同情境时，这个反应才会停止。然后我们就完成了一次大跃进，来到爱的下一个层次。

失望是因为某个期待没有实现，反过来说，期待会增加我们失望的机会。藉由放掉所有期待与假设，我们变得中立，不会将我们对世界的看法投射在每件事物上。

愤怒是一种美丽、温暖的能量，我们允许这种能量流回到我们可以再度感觉到爱的地方，这会疗愈所有的创伤，并让我们从过去中解脱。

针对你的愤怒（肝脏）、觉得受伤（心脏）和脆弱（小肠）下工夫（见图41），你会越来越体验到平静和自由。你会了解这个世界是造来当做你的镜子，这样你才能够一次又一次地体验，看看你到底处于灵魂进化的哪一个位置。只要你心里还觉得受伤，你在情绪上就是脆弱的，是愤怒的猎物。而解脱之道就是放掉过去，与自己和平相处。

8. 缺乏自尊（脾／胰经）

脾／胰经的位置在膀胱经（缺乏安全感）旁边，对免疫系统非常重要。此外，还会影响荷尔蒙调节和消化。脾／胰经起于足大趾，沿着腿部内侧，流经鼠蹊部，来到胸侧。与脾／胰经相连结的情绪，除了缺乏自尊外，还有不敢捍卫自己、胆怯、软弱、缺乏魄力、依赖他人（寻求确认、赞同）、缺乏安全感、觉得没有希望、觉得无法控制自己的人生、忧虑、怀疑并恐惧未来。这种人对自己缺乏正面的感觉，心智充满负面信念，例如：我不好、不美、不聪明、不苗条、不坚强、不够勇敢、我不值得、我不该得到这样的报偿、我做不到。伴随着这样的信念，人变得像情境的玩具，抓住每个机缘，想在自己的自卑感中得到确认，同时也破坏了他可以做到的好事，因为他不相信事情可以一直好下去。

这种情形会以许多伪装的形式出现。有人会做各种事情，来弥补这些自卑情结：他们会比别人更努力工作两倍，以显示自己是优胜者。对许多所谓的成功人士而言，这也是一种强烈的驱动力。然而，这些是一体的两面：所谓的赢家和输家，其实源自于同样的灵魂创伤。在成长的初期阶段，我们觉得被拒绝，于是把那个情形诠释成自己不够好。

我们在这一生选择了理想的环境，要针对自卑这个主题下工夫。想要完成这个任务，我们必须将自卑替换成全然的自尊、笃定、捍卫自己、设定界限，完全泰然面对有些人会觉得你自私的事实，不再从外在寻求赞同，并对未来有完全的信心。

给你的练习

放松，闭上眼睛，深沉且缓慢地吸气、吐气，直到身体所有的肌肉都完全放松。然后把注意力集中到让你觉得没有自尊的那些情境里：你没有起身捍卫自己的时候，你觉得受到威胁的时候，你觉得无法掌握自己力量的时候，你不敢设定界限的时候。

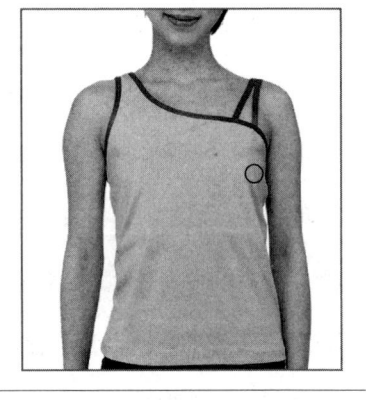

图42 情绪穴道8：缺乏自尊

接着，有节奏地轻敲情绪穴道8，同时观想当你真正把握住自己的力量时，会有什么不一样的行为。你会采取什么不同的反应？你真正会说些什么话？你需要哪些特质才能表现出那个样子，并觉得自己很不错？观想你自己正运用这些特质，毫不费力地做你比较想做的事。

一次又一次地重复这个练习，直到你注意到你所观想的事情正在生活中发生。你必须知道这不仅可能发生，而且是创造你想要的事物的方法之一。

在敲打穴道和观想时，记得加上肯定句：

"在所有情境中，我都爱我自己、接纳我自己。我的自我价值和自尊日渐成长。我选择把握住自己的力量，并越来越精准地设定自己的界限，现在如此，永远如此。"

列出所有你想在其中下工夫，好让自己拥有更多自尊的情境。持续运用日常生活中发生的事来更新这张表，每天都要观想你希望怎么做。最理想的是在一天结束时，用你想要的方式，重新体验所有的情境。

主题：缺乏自尊与灵魂

自我价值、缺乏自尊和自我形象三者紧密地结合在一起。当我们选择一个带我们离开本性的环境，那就会形成否定我们真正本性的心智。我们必须运用所有的谬论、负面信念，甚至是强加在自己身上的障碍，来战胜这个被制约且与环境连结的幻相，才能回到我们真实的本质。给我们自己额外障碍的理由有二：

1. 我们非常有力量、有智慧，对我们来说，人生太容易了。我们可能有过毫不费力就闪闪发亮的生活，现在是时候了，我们该创造更多挑战，并发展几个次要的主题，例如耐心、坚毅、专注、更懂得欣赏人生中的美好事物（而不是认为它们是理所当然的）。

2.我们想在此生证明我们真的了解生命，证明我们尽管遭受极大的障碍，尽管心智被制约成自我价值低、自我形象负面、极度缺乏自尊，我们还是可以让我们的人格穿透这一切而发光，并告诉全世界：养育的过程、出身，以及少之又少的机会，都无法破坏我们不朽的灵魂。

还有其他可能的理由，让我们选择这样的环境，强迫自己朝某方向前进、遇见我们永远不会遇见的人（如果不往这个方向走的话）、了解人的另外一面、处理旧有的业、让自己落入最深的深渊，为的是要发掘自己身上的更多特质。

对于想要更多自尊的人来说，图 43 是你必须每天实行的"黄金三角"。好好运用，在所有情境中培养出最大的自信、最大的安全感，并把握住自己的力量。

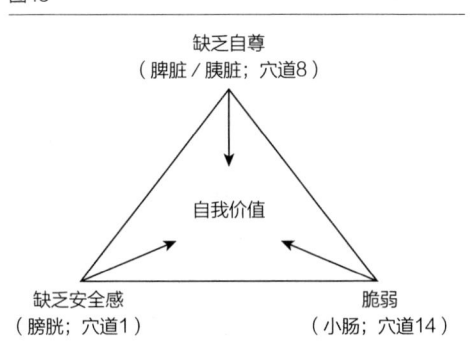

图43

9.悲伤（肺经）

肺经起于锁骨外侧，从肩膀流经上肢内侧，止于拇指。这也告诉我们与这条经络相连结的肉体疾病会出现在肩膀、手臂、手肘、手腕内侧（靠近拇指那一端）和拇指。而与肺经搭配的情绪则有悲伤、骄傲、无法承认错误（不负责）、无法放掉过去、伤心、忧郁、无法处理失落、哀痛、渴望过去（思乡病）、无法活在当下、无法摆脱、死板、瞧不起别人、失去信心、傲慢与偏执。

这些都是把我们隔开来、让我们无法活在当下的情绪（活在当下指的是放下、接受人生就是变化）。没有一样东西会永远不变，宇宙是一个活生生的存在体，不断运动，转化并进化到最高层次。拿人类的经验来模拟，则是：执着于人和情境，然后放下那个执着，适应新的转变。我们从在妈妈的肚子里开始，一次一次体验改变，让我们有越来越多机会发现自己的新面向。如果什么都不变，我们就无法继续成长，那么人生就失去了意义。

悲伤运用它的所有面向，来提醒我们为何来到人世间：我们的灵魂要转化，将过去的痛苦转化成力量、转化成新能量；要学习放手，懂得放手之道，辨识并承认痛苦，学习课题，接纳无法改变的事并放手。我们越擅长这件事，痛苦的时间就越短。

如何面对失落，这个问题绝大部分由文化来决定。在某些国家，你必须经历哀痛的过程，而有些文化则在有人去世时会庆祝。实际上，我们会怀念那个人，而这点很痛。我们无法再跟这个人讲话、无法拥抱他、无法问他这样做好不好，这个事实会让我们觉得非常空虚——我们把那样的情绪叫做"悲伤"。当另外一个人去世或搬到国外时想念那个人，那样的疼痛是很正常的。然而，我们紧握住那份情绪的时间，跟心智（何谓正常）和灵魂（我们在那个区块是否有创伤）有关，而这说明了悲伤程度的潜在差异。

悲伤是一份邀请函，邀你学习面对改变，因为改变是人生不可或缺的部分。你越难克服这点，就会变得越死板（请参考下一个情绪穴道）。如果挚爱的人去世后，你很快放下悲伤，有些人会认为你不在乎或不爱那个人，因为在他们眼里，你哀痛的时间不够长。但去世的那个人其实什么都不要，他只要你为他高兴，因为他回家了，不再需要活在这个艰苦的世界里。他在人世间的工作已经完成了，即使他这一生过得很好，但另外一个世界更是好上十倍。他很开心，也希望你知道这点。

对去世的那个人来说，这样的哀痛只会造成障碍，扰乱他跟你之间的连系。当有人去世后，你静心冥想，然后你会体验到喜悦和爱，并觉得很好。知道对方一切安好让你很开心，也会让他带着美好的感觉，继续他的旅程。

给你的练习

在你有节奏地轮流互敲拇指指尖（即情绪穴道9）时——这样做指甲的边角会互相碰触——请你吸气、吐气。每一次吸气时要说："我欢迎自己人生中的每一个变化。"然后每一次吐气时则说："我现在放手，让那一刻完全离开。"

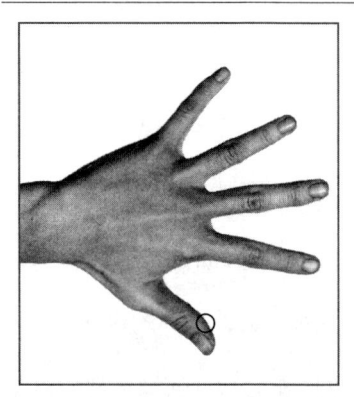

图44 情绪穴道9：悲伤

做这个练习七到十分钟，让你的身体完全放松，整个人处于完全休息的状态。然后回到你人生中大悲大痛的时刻，以及你经历过的挫败和重大失落。随着呼吸，你重复上面那些肯定句，同时让所有情节在你眼前播放一遍。持续这么做，直到你觉得能够泰然面对每一个情境，直到你能够不带情绪和批判，平静而中立地完全接受那段过去。最后你说："我接纳我自己与我最深层的悲伤，并且现在就让它永远离开。我选择接受我无法改变的事，并专注于活在当下、活在平静与幸福中。"

列出所有你想要对它下工夫的悲伤，将这样的悲伤转化成接纳、平静与安宁。

主题：悲伤与灵魂

灵魂会不断提醒我们过去尚未处理的主题。挚爱的人去世，提醒了我们自己也害怕死亡，于是紧握住人生。那些我们无法放手的事，其实都是我们以前无法好好处理的事的记忆。我们的灵魂利用每个机会提醒我们必须努力的事项，悲伤就是其中之一。而我们唯一的目标是转化。

一旦我们处理了自己的悲伤、死板和受伤的感觉（见图45），就会体验到纯然的平静，真正接受自己

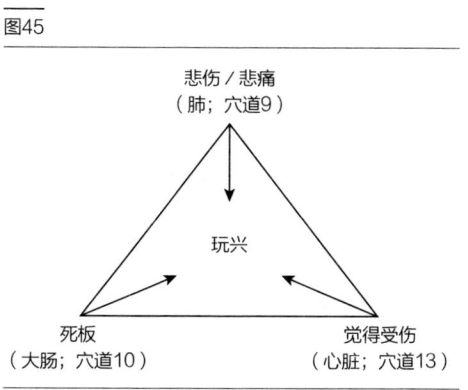

图45

和目前的状态。从那里开始，我们可以架构自己的未来，以及自己想要体验的其他事物。这会带来游戏的兴致：我们放下过去（悲伤和受伤的感觉），敢于有创意地面对常规、发现未来。轻松和游戏的兴致是灵魂进化的征兆，所以要学着嘲笑自己，并怀着感恩、自在和喜悦，勇敢面对自己和人生。

10. 死板（大肠经）

大肠经始于食指尖端内侧，经合谷穴（拇指与食指交接处），沿手臂外侧往上，走到手臂和后背交接的地方。这个经络与过敏症的关系密切，也和焦虑（过动）有关——觉得不自在、不安心，一直绕圈圈却哪里也去不得。能量淤塞了，于是我们在架构中寻找可以掌握的某样东西（规则、约定，或者事情应该呈现的方式）。

和大肠经相关的情绪有：死板或缺乏调整的能力、没有弹性、武断、防卫、紧握规则不放、执迷于秩序和洁净、完美主义、罪恶感（因为没有遵守规则）。没有这些可以握住的东西，我们可能会觉得十分失落，因为这样我们就没有了任何架构，不知如何继续下去。

死板的坏处在于：它会害你生病，碰到不在乎规则、不断变换点子的人，你可能会立刻火冒三丈。因此，你的课题就是要变得更有弹性，让你自己拥有更多乐趣，不要紧握着陈年旧事，并明白人生是会改变的，也必须不断评估自己的观点。

对许多人来说，这样的课题很难。如果没有架构，他们什么也不是。这种人没有任何协商的兴致，所以无法胜任许多工作。然而，我们活在一个很难追求完美的时代，一切都变化得太快，今天是正确的、是新的信息，四个礼拜以后就过时了。几乎每隔三个月，信息量就增加一倍。所以我们必须越来越有弹性，才能保有一席之地。宝瓶时代变化迅速，而且要求更大的适应力，如果做不到，我们就会失去热情、产生慢性疲劳，无法跟上时代的变化。

给你的练习

开始冥想前，请先列出此生你带着抗拒所做的事。有哪些事是你无法适应的？你在哪些事情上表现得很死板？你在哪些方面最要求完美、最讲究架构（紧握规则不放）？

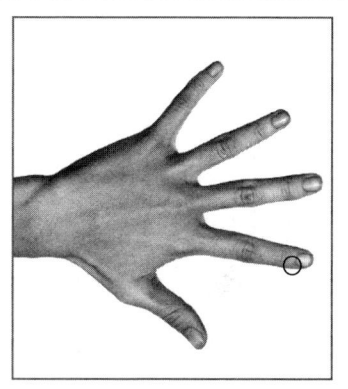

图46　情绪穴道10：死板

把这张清单从头到尾读一遍，想一想死板是如何夺走你生命中的乐趣，并把你框在一个你不敢挣脱的架构中。这么做会得到什么结果？那带给你什么呢？思考这件事的时候，请闭上眼睛几分钟，然后用两只食指轮流互敲（也就是轻敲情绪穴道10），并平静地吸气、吐气，放松身体。请观想自己十分灵活，完全开放地接受改变，即使在没有规则的时候也能把事情做得很好。

把你自己和这些特质摆进你表现得最不灵活、最一板一眼的情境中,去体验当你愿意接纳人生其他方法的时候,会为你带来多少创意。放松自己,并继续平静地吸气、吐气,想象自己呈现最大的创意。然后重复几次下面这个肯定句:

"我接纳我自己,感觉良好,即使没有任何架构。而且在规则不清楚的所有情境中,我都能体验到最大的创意和调整。"

每天持续做这个练习,至少一天七到十次,把自己的死板转化成弹性,并找回运用你创意的能力。

主题:死板与灵魂

死板完全来自于心智,这个心智经过制约,会紧握住社会和宗教的规范、价值观和规则。因此,我们创造了一个有秩序的社会,乖乖地守规则,几乎没什么创意,尽本分地缴税,履行自己的责任。国家和宗教体系很高兴看到这个现象,这并没有什么错,不过这种由高层来约束的做法,可能会在许多方面阻碍灵魂。这个有秩序的社会教导我们:我们很糟,一旦偏离规则,就应该被罚。而因为好几世以来受到的处罚,灵魂已经被严重损坏,有时甚至只因为我们不完美,就受到非常残酷的惩罚。

这就是为什么有些灵魂非常害怕偏离规则和架构,因为这样会造成创伤。这些灵魂来到人世间是为了疗愈,为了体验创意和灵活是灵魂真正的特质。

死板在你身上创造了阻碍,让灵魂窒息,而且总是会导致疾病。

这就像把橡皮筋撑大，它迟早会断裂，而这可能会痛不欲生。有时候，橡皮筋断裂的时候就是死亡，而你回到开始的地方（家），重新为人生的游戏做准备。问题是，你有必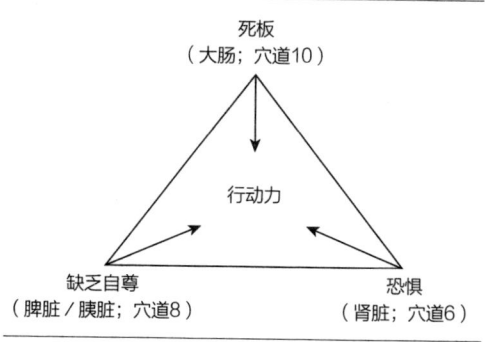
要从头开始玩游戏吗？如果你的答案是否定的，那么请抓住机会，现在你还可以改变，变得灵活、有弹性，而不是死板、苦涩。

图47这个"黄金三角"带来弹性、自信和自由，而这一切都会引导你走向你想要的人生。

11. 被压抑的性欲（心包经）

心包经始于心脏，经手臂内侧，流到中指。它因位于心脏周围，故名"心包"，或称"循环"。之前提过的任脉主要与被压抑的情绪有关，心包经也和压抑有关，不过对压抑男性和女性能量尤其敏感。如果某位女性对性欲一事感到不自在，那么她就会压抑自己的女性能量，隐藏她的女性气质。也有另外一种女性会选择在服饰和态度方面表现自己的男性能量，例如穿西装、留短发，就像商业界的男性一样。这一类女性会比较把注意力放在外界，比较有魄力。

另外，我们也见过压抑自己男性能量或表露更多女性能量的男性。

当阴、阳的平衡被打乱，会影响到心脏、内分泌系统，最后还会影响性生活。

如果你在性欲上觉得不自由，或者有过不愉快或创伤性的经验，那么对你能量的新陈代谢可能会有影响。只要不处理你的主题，你迟早会在身体上感受到不处理的后果，这些后果可能会在二十、三十、四十或五十年后显现。至于跟心包经有关的疾病，主要有子宫肌瘤、卵巢囊肿、子宫癌、前列腺肥大、前列腺癌，以及甲状腺的问题。

跟心包经相关的情绪，则包括被压抑的性欲、被压抑的情绪、冷漠、性欲不满（挫败）、无法享受、不敢感觉、懊悔、觉得羞耻、自责、一再回来的负面感觉、觉得被利用或虐待、觉得难堪或被侵犯、觉得被轻视。简言之，就是很容易觉得被背叛了，觉得别人滥用了他们的善良。因为如此，他们就会疑神疑鬼，看起来很美的事情，如果某个行为被他们往坏的方向诠释，可能就会转变成负面的感觉。而一旦有人受到那么深的伤害，就必须耗费许多能量，才能重新感觉良好。疗愈灵魂的这个问题非常重要，因为这一点最后会对肉体造成影响。

要真正在性欲上感到自由，就要在心智制约方面做极大的改变，这样的制约往往奠基于宗教信条，以及文化的规范和价值观。

我们现在活在数百万女性被压抑，而且永远得不到自由的时代，即使这些女性离开了自己的国家（通常是非西方国家），情况也未见改善。此外，有数百万女性即使在西方文化中长大，对自己的女性气质却觉得羞耻。

在男性身上，我们见到类似的问题。在性欲觉醒方面，男性也常常没有得到很好的支持，必须在迷宫中摸索出自己的路。

性方面的感觉往往是禁忌，甚至在亲密关系中，人们也不会坦率地谈论这方面的问题，因为他们无法自在地真正展现自己，于是选择不把感觉表现出来。

给你的练习

一开始请有节奏地互敲中指指尖（即情绪穴道11），平静地吸气、吐气，尽量用腹部呼吸，速度尽量慢（但不要慢到让自己觉得不舒服）。然后从头部开始放松身体，慢慢一路往下到手和脚。

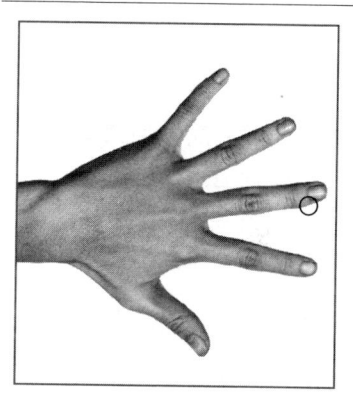

图48　情绪穴道11：被压抑的情欲

一旦你完全放松之后，请把注意力集中在当个男人或女人有何感觉。你对于完全呈现真正的自己是否觉得自在？你如何表达自己的性欲？你是沉浸在性欲中，还是禁欲？你对自己的身体和欲望感到羞耻吗？你是否觉得无法真正表现自己？

继续发掘那些性欲让你体验到紧张的地方。如果你可以完全做自己，不必为任何事物感到羞耻，那你希望有什么样的感觉？你在哪些方面经历到阻碍？在你的一生中，那方面是否发生过痛苦的事件？你尚未处理的事情有哪些？

找到最紧张、最痛苦或抗拒力最强的那个区块，开始有意识地吸气、吐气，强迫自己非常缓慢地呼吸。然后念下面的肯定句至少十二遍，或念到你觉得自己来到了完全安宁的状态：

"我非常爱我自己，并接纳我的身体、我自己和我的性欲，直到灵魂最深处。我放掉所有与这个区块有关的痛苦和负面制约，可以在觉得完全自在和安全的情况下，表达我的性欲、我自己和我的身体，现在如此，永远如此。"

你很可能必须做这样的练习好几个月，才会感觉到完全的自由和安全。

主题：性欲与灵魂

我们在这个三维物质世界的旅程，没有一件事是巧合。所有的选择，例如身体、性倾向、家庭、宗教、文化和国家，都是为了配合灵魂的进化。我们来到这个人世间是要面对特定主题的，例如，我们选择了一个有同性恋倾向的身体，而我们之所以这么做，可能是因为我们想成为被贬低、被排拒、被轻视的少

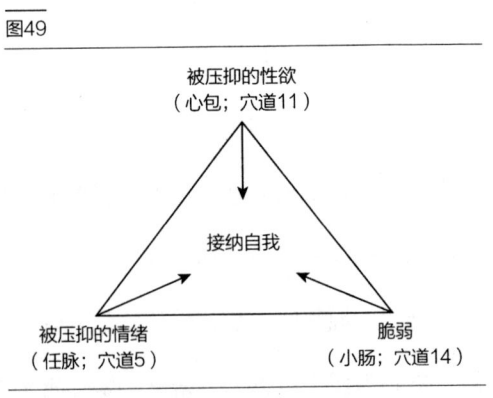

图49

数人，然后从中了解到我们永远不想再用那样的方式对待别人。

性欲是一个带着许多禁忌的主题，尤其如果你的亲密关系已经持续很长一段时间，禁忌更是多，要突破很不容易。

第一步是公开讨论，跟你的伴侣和朋友自在地谈论这个主题。开始探讨时，先放掉所有因讨论这个主题所带来的紧张情绪。重要的是，要做这个主题的"黄金三角"练习（见图49），持续寻找那份公开坦率。把肯定句念出来，保持专注。渐渐的，你会让自己自由，不仅在性欲方面，而且你会感受到自己的力量越来越大。

运用这个方式，你的灵魂可以往前大跃进，跳到下一个层次。一旦这些障碍都被妥善地处理了，不论在身体或能量上，你都会感觉快乐许多，也会更有活力、更健康。

这个"黄金三角"引导你完全地回归自己、接纳你自己，这是你享受整个人生的基础。如果没有接纳自我，每一条路迟早都会走向自我毁灭和溃逃。

接纳自我与接受我们的身体、我们的情境、我们的现状，并在其中找到平静有关。一旦我们与自己的身体、性欲、幸福和平相处，就会得到安宁。

12. 不稳定（三焦经）

三焦经始于无名指尖端外侧，向上沿着手背循行，经过手腕、手臂、肩膀、脖子到耳朵。之所以称为"三焦",是因为它连结了三个能量储存区(即"丹田")。下焦与肾上腺和性腺有关,中焦与心脏和甲状腺有关,而上焦则调节整个系统,与脑下垂体、其他荷尔蒙腺体及头部有关。也就是说,三焦调节了我们的新陈代谢和适应能力。

三焦经是一条非常重要的经络,对神经系统和头脑的功能有极大影响。一旦被扰乱,我们就会迷失(人生的方向),变得忧郁、不稳定、困惑、无助。我们在脑部有退化病变(如帕金森氏症和阿兹海默症)的患者身上,都见到这种情况。其他相关的情绪包括怀疑、不信任、无助、偏执、绝望、优柔寡断、没有理性、孤独、情绪起伏极大、无能为力、觉得没有价值。

我们困惑了,迷失了方向,再也不敢采取行动,因为我们不信任自己和周遭的人,感觉上好像立足点被移动了。日常生活中经常见到这种现象,只是表现没那么极端——就是那些再也不知道自己站在哪里、该走哪条路的人。这种人的确有能量,却变得优柔寡断,因为他们不信任自己和其他人,因此变得多疑,常受情绪起伏之苦。

耗尽心力的经理人身上可以看见这种现象。这种人已经没有能量了,长久以来,他们一直忽略自己身体和潜意识发出的讯号,靠着意志力、烟、酒和咖啡坚持下去。他们在压力荷尔蒙造成的兴奋之下,觉得好得不得了,以为自己可以征服世界。有些人突然掉落进自己没有看见的深谷,所有事情随着他们一起倒下;有些人则染上感冒或其他疾病,很难复原,他们以为都是那次感冒造成的,但感冒其实是让水桶满出来的最后一滴水。定时炸弹早在很久以前就设定好，已经滴滴答答地倒计时了好几个月、好几年，而他们完全不知道自己跑过了头。他们不断超越自己的界限，没有连结自己的那份脆弱和恐惧，因此逐渐损害了自己。

而在他们停止工作或退休之后，来自肾上腺的刺激（压力）停止了，这些人便以加速度退化、衰老——工作狂退化及衰老的速度总是快上许多。

丹田是最重要的能量储存区，给我们能够处理生命中一切事物的能量，让我们即使在面对人生的挑战时，也能保持稳定。

给你的练习

与三焦有关的练习和我之前提到的练习不一样。原则上，就是结合情绪穴道6（恐惧）与情绪穴道12（不稳定）。最容易的方式是将一只手（例如右手）的食指滑到另一只手（左手）的无名指和小指之间，用右手的指尖触碰左手手背上的穴道12。现在将右手拿到左手外侧，用左手的拇指和食指触碰恐惧穴道。也就是说，你用左手的拇指和食指触碰恐惧穴道（也就是情绪穴道6），用右手食指按摩左手手背上的情绪穴道12。

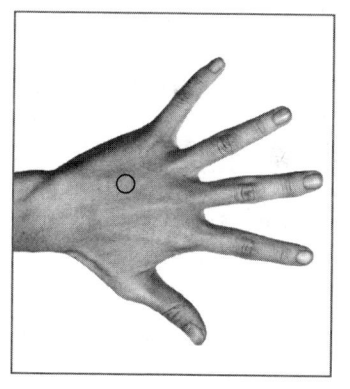

图50　情绪穴道12：不稳定

做完这个动作，请闭上眼睛，放松地呼吸，观想未来你想成就的事情。这部分要尽可能详细，包括色彩、气味、声音，越具体越好。

此外，也请观想你将哪些特质整合在自己身上，以达到你想达到的境界。而一旦成就了心中所愿，你会有什么感觉？还有，你会跟自己说什么话？到时你对你自己、你的自我形象、你的自尊有什么样的信念？让这一切变成影像，在你的脑子里走一遍，深深吸一口气，然后利用本书前面学到的方法，开始按摩两只耳朵，同时观想在此需要的所有突触都已经建立起来了。

现在，快速地吸气、吐气几次，好像过度换气的人一样，同时继续按摩耳朵，然后慢慢放松。

经常重复这个练习，将你的目标深刻地整合到你的神经系统中。

主题：不稳定与灵魂

不稳定会发生在人生的许多阶段：还需要训练神经系统的童年时期；荷尔蒙活跃、忙着建立自我认同的青春期；入社会之后（必须找到自己的路，建立自己的职业生涯）；为人父母阶段；孩子离家；职业生涯到了尽头。这些都是不稳定的时刻。另外还有一些事件也会让人发生不稳定的情形：父母或挚爱的人去世、离婚、突然失业、搬家、失去财产、残障等等。

人生中的瓶颈是为了要测试我们灵魂中尚未处理的主题，测试我们是否学习到自己的功课，或者还需要进行某些疗愈，在最深的层次上整合这些层次。

对想采取行动的人来说，图 51 的"黄金三角"非常重要。在结合恐惧穴道和不稳定穴道（情绪穴道 6 和 12）的同时，你必须观想自己想要什么，然后透过按摩耳朵整合这点，并观想那些新突触。之后，请做左、右拳互换击掌的技术（请参阅情绪穴道 14），并加上肯定句：

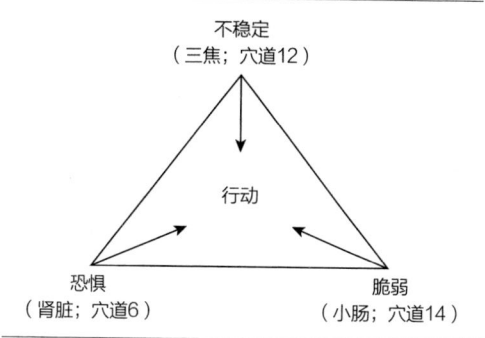

"我要这样东西，我可以做到，我正在采取行动。"

"我把握住自己的力量，并面对所有挑战。"

"我无人可挡！"

这么做会让你更快采取行动，保持动力，专注在你的目标上。

13. 觉得受伤（心经）

正规医学的医生也都熟知心经，因为心肌梗塞的疼痛会随着心经之流发散到手指上。

心脏是情绪和爱的中心。最近的研究发现，在情绪上隔绝自己（关闭自己）的人，患心脏病的机会比情绪开放的人大。关闭心扉的人觉得这样比较不容易受伤，但实际上，那是在压抑情绪，这样做迟早会导致更大的问题,或者造成灵魂进化的障碍。

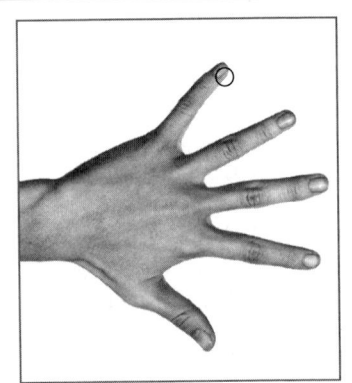

图52 情绪穴道13:觉得受伤

源自心脏的情绪有:觉得受伤、觉得被冒犯、失望、觉得被拒绝、心碎、压抑爱的痛苦、否定情绪与感觉、觉得脆弱、失去信任、觉得受虐、不敢开放或付出自己、害怕与人变得亲近。此外,我们也见到因为这样的否定,而呈现完全极端的面貌:假装没有什么不对劲(有时他们真的如此相信),表现得太过乐观、太过表面(缺乏深度)、超级快乐,心情愉快,为了符合外在表现而笑,为了隐藏情绪而讲太多话,对自我和他人不诚实。

给你的练习

回顾一生中的痛苦时刻,包括让你觉得受伤、被拒绝、被利用、被虐待、被否定、被羞辱、被轻视或被侮辱的时刻。然后列出所有你想宽恕的人,尽量列完整。

双手摆在心脏上,闭上眼睛,开始慢慢吸气、吐气,让爱和感恩从你的心脏流出来,流遍全身。让思绪回到你转世之前,想象你知道自己和清单上的这些人约定好,要在今生疗愈许多未完成的课题;想象你们同意彼此触发,目的是要开启从前的创伤、疗愈这些伤口,然后放下。

再度感受你心中的爱和感恩。现在，花些时间和精力崇敬自己所订下的这份神圣约定，并实现它。然后开始宽恕自己，因为你已经怀着这份疼痛或伤口走了那么长一段路，而且已经宽恕你自己和其他人那么长一段时间了。让那份爱和感恩流遍你全身，使你平静下来。

之后，请宽恕其他曾经伤害你的人，将爱和感恩送给他们，因为他们也完成了他们的任务——给你机会疗愈你的灵魂。你祝福他们得到最好的，愿他们此生也可以体验到爱、快乐和疗愈。

然后，回到你们分裂的情境里，感受你是否能在没有紧张或情绪的情况下，以中立的态度看待一切。如果你仍旧觉察到紧张或压力，那么最好做一下爱的"黄金三角"，然后再重复这个练习。请一直做到过去对你而言变得完全中立，你可以带着爱进入那个情境。等到你觉得自己能够对一切感恩，你就穿越了。

主题：觉得受伤与灵魂

你现在已经明白，灵魂的待办事项是要疗愈尚未疗愈的伤口，所以灵魂会掌握任何机会，让我们想起我们的痛苦。灵魂和心被视为一体，因为心也紧握住那些伤害和痛苦不放。心智想离开那份痛苦，所以会压抑、否定和麻痹痛苦，这样会扰乱了灵魂的待办事项。然后灵魂就找不到出口，于是创造了疾病，把那份疼痛再带出来。心脏病发作就是个很好的例子，因为我们发现情绪孤立是心脏病发作的危险因子。

心脏病发作中，有百分之五十是第一次发作就是最后一次，然后患者死亡。我把这个叫做再循环原则。灵魂发现那一世是个死结，决定回到原点，重新开始，同时利用两世之间的休息时间，把某些事情设计得更完美。

除了疾病之外，灵魂也可以安排意外事故；这也是有出错的风险，因为这个人可能会死亡，而不是仅受皮肉伤。

当我们利用"觉得自己受到伤害"博取关注，或者当我们执着于受害者的角色时，就是滥用了脆弱的意念。脆弱是了解我们在某方面有创伤，而我们唯一的目标就是疗愈这些创伤；一旦创伤复原了，在那方面我们就不再脆弱了。

此外，脆弱必须是不期待对方任何回馈，脆弱是不假装成别人，脆弱表示你必须为自己的创伤负责，而灵魂的疗愈就是从这里开始。如果你不为自己的创伤负责，那你就不是真正了解灵魂的旅程，你不过是在绕着心智的轨迹走。你可以经常冥想、练瑜伽，你可以成为素食主义者，聆听天使般的音乐，但只要你不疗愈自己受伤的灵魂（或心），就永远达不到目标。是你——而且只有你——该负责在爱和感恩中转化受伤的心，只要这样的事没发生，你就会继续玩着"人生"的游戏，完全不晓得到底是怎么一回事。

脆弱是通往疗愈之门，疗愈是通往真诚之门，而真诚则开启了突破这个三维现实幻相的大门，让人可以接近"情绪平衡"。情绪平衡（平静）是通往"开悟"之门，开悟则是通往"精通"之门。精通可以通往"神性本质",而我们的"神性本质"则是通往"所有生命"(上帝)之门。

如你所见,这条路很长,但只要你继续专注在感恩、自在和喜悦上,这个旅程就会是有趣而愉快的。

此中精髓在于:要继续宽恕,并回到爱与感恩。不管痛苦有多深,抗拒有多大,永远都要回到你的本质,回到你的心。一次又一次地放下,并祈求你会更有智慧、会聆听自己的意念、会做出更好的抉择,并继续设定自己的界限,然后观想、整合。

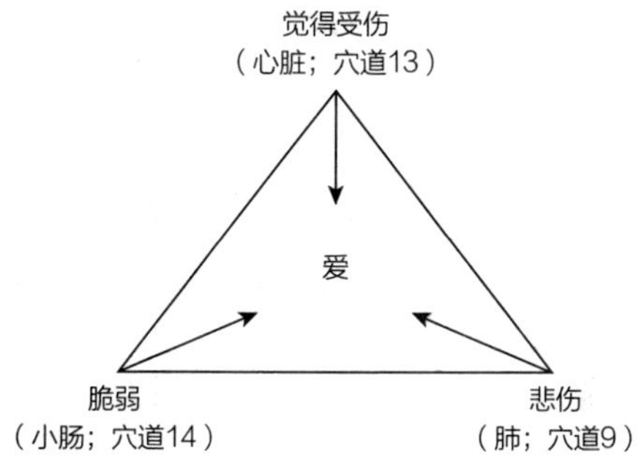

当放下受伤感的时候,图53 这个黄金三角会协助我们敢于再度感受爱。等我们也勇敢面对自己的脆弱时,就会变得让别人更容易亲近。而当我们也放下悲伤,不再害怕失去某人时,我们就敢于百分之百地付出,不再抑制自己。

图53

觉得受伤
(心脏;穴道13)

爱

脆弱
(小肠;穴道14)

悲伤
(肺;穴道9)

14. 脆弱(小肠经)

小肠对能量非常敏感,对各种食物和养分会立即反应,而我们吃的食物对我们的情绪能量有直接的影响。胃和十二指肠一起储备食物,肝脏、胆和胰脏也有关系，不过却是小肠决定什么可以、什么不可以，何者可以消化、何者不能消化。情绪上也是如此，我们非常容易受环境影响，而且我们必须决定什么事要反应、什么事不反应。

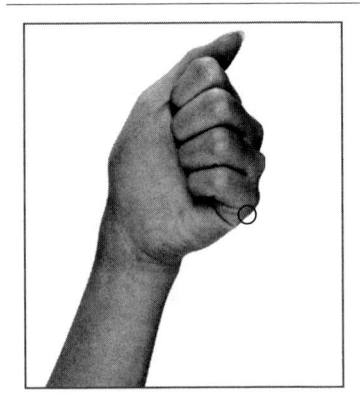

图54　情绪穴道14：脆弱

跟小肠的能量相关的情绪有脆弱（敏感）、觉得失落、缺乏安全感、过度敏感、觉得被抛弃（没人在意我）、被压抑的爱、羞愧、胆怯、内向、不笃定。当我们陷入强烈的混乱时，我们觉得很不好，觉得没有人关心我们。我们觉得我们的爱和善意没有得到响应，这种事经常发生在总是陪在别人身边的人身上。

例如，完全牺牲自己、永远陪伴着家中每一个人的母亲。有一天，母亲不再处于最佳状态，但因为她不是善于求助的那种人，所以期待家人可以自己出手帮忙，而这种事却没有发生。有人向她问好，她总是说一切都好，但内心里觉得自己被抛弃了。她因此非常沮丧，默默受着苦，然后往往会变得冷淡无情。

爱是个困难的主题，当我们谈到爱的时候，指的是最高形式那种无条件的爱呢，还是日常生活中有条件的爱？因为在我们受制约的心智里，我们总是忙于有条件的爱。而母亲与孩子之间的爱有时会接近更崇高的那种无条件的爱——我们因为想付出而付出，付出的感觉很好，付出本身已经是满足，不需要收到任何回馈。

而付出爱的另一面是能够接受爱，对许多人来说，这也不容易，因为他们觉得自己不够好、不值得被爱。许多人在别人为他们做了某事的时候，"一定要"付出某样东西做为回馈，否则他们会感觉很差（因为他们很难接受别人的爱）。

然后还有一种爱，在这样的爱里面，当有需要的时候，我们敢要求。这表示我们必须脆弱，因为我们冒着被拒绝的风险。对许多人来说，拒绝是很大的羞辱，他们宁可不要求任何东西，宁可默默承受。

给你的练习

仔细想想你刚才读的东西，去思考脆弱和爱的主题对你有何意义。你遇到了什么事情？哪里让你感觉到抗拒？什么东西给你压力？什么时候觉得被拒绝？什么时候觉得自己的爱没有响应？等你思考过这些问题，请闭上眼睛，平静地吸气、吐气，让一切自然地来到你面前，去感觉没有得到你想要或期待的东西是什么感受、什么是脆弱的状态。然后继续深呼吸，并念出下面这个肯定句：

"我完全平静，可以安心地展现脆弱，安心地体验拒绝，并记得所有的爱都在我之内。"

继续呼吸，并重复这段话，直到完全平复，直到在所有体验到痛苦或脆弱的情境里都有放松和接纳的感觉，最后感受到在自己之内的爱。然后重复下面这个肯定句至少二十四遍，同时以非常快的速度进行左、右拳互换击掌法：

"我爱我自己、接纳我自己,我可以勇敢面对所有挑战。无论面对什么情况,我都把握住自己的力量。"

一天做好几次这个练习非常重要。觉得失落的时候,或是在车里、上厕所、刚起床的时候,都可以进行。做的次数越多,时间越长(每一回练习至少二十四遍),这样的观念就越能整合到你的脑子里,变成你的真理。如此你就创造了自己的实相,实实在在把未来掌握在自己手中。

主题:脆弱与灵魂

灵魂透过我们的脆弱展现它自己,目标是疗愈。脆弱的理由和意图在于疗愈,几乎没什么别的意义。不带疗愈意义的脆弱是情绪虐待,在我看来,是完全没有意义的。有许多人把自己的脆弱当做生活方式,他们往往用这样的方式让自己的基本需求得以满足,而面对不重视其脆弱的人,他们转身离开。很多人运用自己的脆弱把事情处理好,同时继续留在脆弱的舒适区里。许多男人很不幸,接受了"脆弱代表软弱"这样的心智制约,所以我相信男人心脏病发作会死得比较快,因为他们的灵魂觉得由于这个"愚笨的"制约,他们通往疗愈的路已经被封死了,所以干脆"回家",

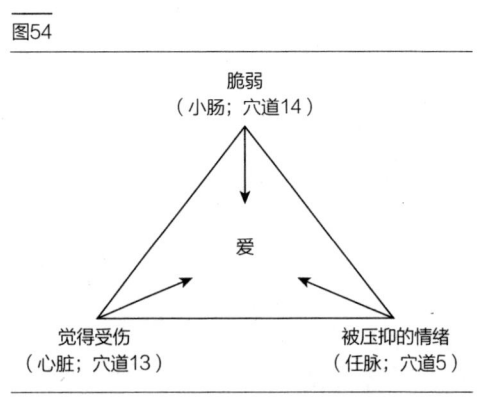

图54

重新开始。

其实，要展现脆弱需要力量，而要利用脆弱去疗愈灵魂，则需要特定技术。前面那个练习真的很适合，还有利用图 55 这个"黄金三角"，我们可以学会将脆弱转化成感恩，那就是疗愈。而当我们疗愈自己的脆弱，并将真实的自己展现出来，那就是真诚。

真诚是诚实面对自己和所在的情境，无所隐瞒；你就是你。

你不必假装更好，也不必因为想讨好任何人而卖弄。你的存在并不是要给别人留下好印象，你就是你自己，全然放松，而且真的不在意他人的想法。不管别人是否对你留下好印象，你都不在意，那就是真诚的力量和纯粹。你对于你就是你觉得感恩，而且你接受别人将他们的痛苦、想法和信念投射在你身上，投射在这个世界上。如果你对此有话想说，那么你是出于自己的力量而这么做，而不是有必要为自己辩护。你有爱，因为那就是你，而不是因为你想当好人。你勇敢面对，是因为你正在面对，而不是为了达成某个目标。

这是我对真诚的看法。如你所见，对许多人来说，这个目标很远、很难达成。真诚是情绪平衡的基础，要达到那个目标，你必须经历带给你紧张和压力的所有事物，而脆弱就是为了这个而展现。灵魂想要真诚，不要心智造成的妄想。只有经历脆弱，朝真诚迈进，然后再朝情绪平衡迈进，才能成功到达那个境界。

图 55 这个黄金三角是针对小肠（脆弱）作用的，让我们对发生在周遭和降临在我们身上的事情敏感，同时在自己之内创造放松。这

还能进一步作用在我们的伤口、过去伤害我们的事情，以及我们还没有放下的事情上。透过宽恕，我们从过去中解脱。

此外，我们往往压抑情绪，接受自己感觉到的一切，而这个黄金三角能够转化这样的倾向。一旦我们不再受过去束缚，愿意接受体验，允许情绪存在，就会感谢人生、感谢为我们创造的那些机会。我们会带着恩典、自在和喜悦，运用一种独特的个人经验转化人生，这样的经验疗愈我们的灵魂，带领我们更接近自己的人生意念。而对于这份恩典、自在和喜悦，我们觉得感恩。

黄金三角的进行顺序

读过前面的十四种情绪穴道和十四种黄金三角组合之后，你发现哪几个主题与你起了共鸣？找到了你的主题，便知道该运用哪一种黄金三角组合。

做黄金三角练习时，请从情绪穴道 A 开始（见图 56，即黄金三角的顶点），先念穴道 A 的肯定句，并轻敲穴道 A。接着针对穴道 B 做同样的练习，然后是穴道 C，最后结束在穴道 A。每个穴道的肯定句可在说明该穴道的小节中找

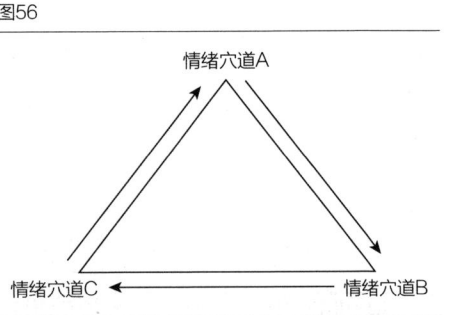

图56

到，每个肯定句请重复三遍，然后才做下一个穴道。一天至少做三遍黄金三角，就可以强化那个主题（前面每个黄金三角图形中间显示的，就是该组合要加强的主题）。

就这样，我们同时在许多方面下工夫：身体里的能量流、神经系统、自我形象、潜意识、灵魂，以及觉醒过程，这对我们的生命产生极为深刻的影响。通常在二到四周后，你就会体验到对一切的感觉改变了。

双重主题

如果能结合黄金三角的能量，会产生更快速的成效，在情绪方面获得很大的突破。我在这里提供几个成效快速的组合：

- 结合"自信"与"自我负责"，会创造出极大的觉知，是疗愈灵魂的基础，建议每一位初学者采用。
- 结合"信任"与"感恩"，会创造出谦卑，以及对丰富创意的尊重，让你敞开来接受宇宙的讯息。
- "无压力"（无忧无虑）与"爱"是最美丽的组合，可以释放出疗愈身体和灵魂的能量。
- 如果你觉得自己卡在过去的深层模式，并觉得自己不够坚强，无法突破这些模式，那么"真诚"与"行动"的组合很适合你。

图57

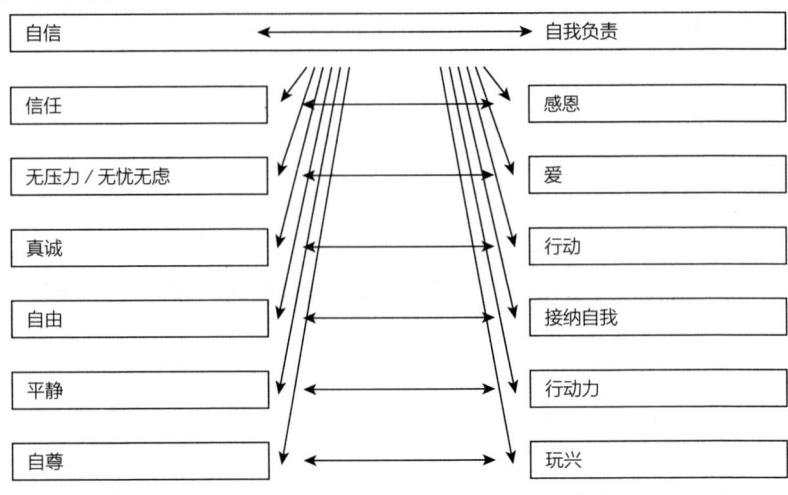

- "自由"与"接纳自我"的结合是灵修之路的基础。
- 结合"平静"与"行动力",会从放松中创造力量,做出必要的行动。你会永远保持动态,不过这个动态是来自平静的力量。
- 结合"自尊"与"游戏兴致",会为你的人生带来感恩、自在和喜悦,让你可以赏识自己。这是一个美丽的结合。

这些只是建议,你当然可以视需要创造自己的双重主题。举例来说,如果你在人际关系中总是牺牲自己,可以结合"真诚"与"爱";如果你恐惧失败,并因此卡住,可以结合"信任"与"行动";或者,如果你想在自己之内培养两股强而有力的正面能量,让它们发散出去,并吸引来正面能量,就可以结合"感恩"与"爱"。

你的身体是许多无形力量的游戏场，也就是说，身体和能量的健康是由许多因素决定的。要走向"行若无事"，必须运用这些能量，并成为自己能量的主人。而要成为自己能量的主宰，你必须在情绪领域及身体健康上采取行动。运用本章所提供的技巧，希望可以让你做到这点。

情绪会带你找到灵魂的创伤，而你针对情绪采取的行动，会从最深层疗愈你的灵魂。

第三部　内在的旅程

第十章 无形的支持部队：请求，你就会得到

　　你有一组无形的帮手供你差遣，只要有必要、只要配合你可能想象的一切，再多都有，甚至几千个。你只要开口请求，给他们指令就行了。其实你从来不孤单，这些无形帮手就像你自己一样真实——知道这件事对你有何影响？你会有什么感觉？

　　在这一章里面，我要告诉你如何与你的无形团队接触的基本原理。

　　在过去二十年的经验中，我发现我的团队常常在附近供我差遣。我人生中的一切都会请我的团队来帮忙，包括疗愈、财务、外来帮

助、人际关系、保护、能量、友谊、知识、写书、冥想和举办研讨会等等。

做任何重要的决定前，我都会先请教我的团队。每一天，我总是会请求无形团队提供建议、忠告和灵感。因此，我才能将自己从前的人生转化成不断觉得快乐、知道该做何种抉择、知道是否该采取行动的人生。我会突然有新点子出现，而且在我需要的时候，会接连遇到需要的人。

我曾经听一个熟人谈到巴西有个独特的治疗师，这位治疗师也跟一个约三十个存在体（曾经在世的人的灵魂）组成的无形团队合作，每天平均为上千人看诊。他治愈过几千名正规医学无法治好的病患，其中有盲人、瘫痪人士、艾滋病患（至少有一百四十个经过证实的病例），以及癌症末期病患。

这位巴西治疗师名叫裘奥·泰赛伊拉·狄·法利亚（Joo Teixeira de Faria），人称"上帝的约翰"（John of God）。他是我们这个时代最强的灵媒。灵媒是往生者（灵魂）的传话器，换言之，灵媒可以连结死者（比较好的说法是：这些人是过渡到另外一个世界，因为我们并没有真正死亡）与生者两个世界。

裘奥并不跟灵魂沟通，而是灵魂借用他的身体，透过他"直接"动手术。他其实是失去知觉，等他恢复意识，什么也不记得。

他的天赋不是遗传的，也不是一种你可以学习的技术。他是专门用来做这份工作的人，十六岁就立志终生要做这份工作，目的是要帮助那些灵魂。

我看过一卷他动手术的录像带（他每一次的手术都会录下来），于是决定亲自去体验被他在没有麻醉的情况下动手术是什么感觉。而真正经历过之后，我只能说，那过程撼动了我的灵魂深处。

我们在星期二到达一个叫做阿巴迪安妮亚（Abadinia）的小村落。隔天上午，我去排队看诊，排在三百多号。

在那些存在体的要求下，几乎每个人都穿白衣服——前面提过，裘奥跟大约三十个存在体一起工作，其中有所罗门王、伊纳西奥·德·罗波亚（一位西班牙贵族，他后来见过基督，这个经历改变了他的一生）、医生、外科医生、圣方济和耶稣。

终于轮到我了。我已经写下我想整治的三件事：眼睛（尤其是右眼）、左膝和我的牙龈（有个点痛得厉害）。他看着我说："手术，今天下午两点钟。"就这样。

所以那天下午，我又站着排队，这一次是跟那些准备接受手术的人排在一起。手术用的是菜刀或其他工具，而且不麻醉、不带手套，也没有进行任何消毒工作。虽然如此，过去三十年来，没有人因此感染过。相较于医院每天要对抗抗生素衍生出来的细菌感染，这本身就是个奇迹！

我是队伍中的第一个。如果我可以选择想在哪个部位进行无形手术，我会选择眼睛。眼睛是我最大的问题，我甚至无法戴隐形眼镜，因为我的眼睛非常敏感。

他们要我坐在一张椅子上，然后裘奥把我的头往后推，用一只手将我的眼皮撑开。我很震惊，感到十分惊慌："我到底在做什么蠢事啊？如果那个'麻醉'无效，怎么办？如果他永远毁了我的眼睛，怎么办？"许多这类的问题在我脑海里闪过。我的眼睛满是泪水，想眨眼却做不到，然后我听见他在一个工具箱里找东西的声音，他抓了某种手术刀。我的左眼看见这把刀子逼近，然后突然有股深沉的平静攫住我，我叹了一口气，立刻觉得完全放松，进入某种能量场，那个能量场里充满了纯粹的爱。我在里面觉得就像在寒冬的下午喝一杯热茶一样，非常温暖。

一切变得平静，所有声音都变小了，一团黑云来到我的眼睛上方，然后我几乎再也看不见任何东西。不过如果我使劲，还是可以透过那团黑云看见一点点。我可以感觉到那把刀子在我的眼睛上刮擦，裘奥还把刮下来的东西抹到衬衫上清掉。然后，我听见他从非常远的地方说："好了，手术完成了。"接着又在我的眼睛里切了一下——这次我没感觉——然后我就被送进恢复室，他们用浸过冷水的绷带包扎我的眼睛，那冷水是经由那些存在体加持过的。

我觉得全然放松，享受着这次手术的余波，以及刚刚发生的医疗奇迹。十五分钟后，我觉得刺痛，那份刺痛持续整天整夜。有好几天，我那只眼睛是全红的。但是几天过后，我又可以看见了；而过了十天，我发现我可以看书了，而且视力变好很多。那种感觉非常好，我很高兴有了这样的体验。

跟我们一起去的一个朋友，则是被一根像镊子一样的长形器具直接插入鼻子里，他觉得很可怕，接着只听见劈啪一声响。事后两天，他擤鼻子的时候会擤出小血块，不过一点也不觉得痛，而且困扰他多年的打鼾现象也就此消失了。

我还亲眼看见裘奥将肿瘤从一个男人的头颅中移出来，没有麻醉，也没有流血。我们待在那里的五天，看见许多人复原。其实不必别人说服，我就相信真的有无形的存在体，不过在我们这个时代，能亲眼见到总是好的。

接下来，我们会谈到有哪些无形团队，又该如何跟他们合作。不过首先，让我们先做一些练习，好让自己更容易听到无形团队的声音。

深度放松的八种练习

要和无形团队合作，最重要的是要利用这些能量，并让它们起作用。而要做到这一点，必须关闭自己的心智。意识心智会要求解释和逻辑，而潜意识心智则想干预一切，对一切发表意见。通常用来安抚心智的方法是冥想，冥想不是别的，只是一种学习如何用不同方式应付心智的练习。

此外，我也会提供一些和冥想本身相关的诀窍。如果你愿意，不妨试试以下八种练习中的一项。一开始做十分钟，逐渐加长到十五分钟,然后是三十分钟。建议你利用定时器,这样你就不必一直分心注意时间。

1. 坐着

放轻松坐着很重要。这动作看似简单,但未必容易。你会发现自己的心智真的很强硬,它会尽其所能运用各种念头和情绪来让你分心。

最容易的做法是坐着并观察。你想象自己正看着发生在你之内的一切,十分钟内什么事也不要做,不接电话、不去想你明天该做的事情,只是坐着,看着你的思绪,然后让思绪快速离开,不深入探究。一旦你觉知到自己又分心了,就重新开始观察。你会很讶异地发现:带着"什么事也不做"的意念,静静地坐十分钟,实在颇不容易。你会了解心智有多么不安。

2. 聆听

闭上眼睛,聆听你内在和周遭的声音,只要打开耳朵聆听。一开始,你会听见平常听见的声音,但是过一会儿,你会发现自己更深入,听到的是全新且不同的声音。继续聆听,别执着于那个声音。安住在当下,放掉所有思绪。

3. 感觉

在这个练习中,请你闭上眼睛,感觉你的身体。

首先请放松,放掉所有的紧绷。然后请感觉你自己,看看你是否觉得不错。你感觉到什么?放掉你感觉到的一切,然后再去感觉。感觉你的心脏,感觉你的肺,感觉你所有的器官,然后怀着对自己身体的爱和感恩,结束这个练习。

4. 注意力

觉察当下的感觉:温暖、凉爽、气流、坐姿、重力、紧张、压力、呼吸、心跳。你身体的哪一部分碰触椅子、哪一部分碰触土地、哪一部分碰触衣服?每次呼吸,你身体的姿势会有什么样的改变?随着时间的变化,你的体验会有什么样的改变?请对此时此地发生的一切保持警觉。要不断放下。

5. 咒语

选择一个词、一句话、一段祈祷文或一首诗的部分诗文,然后一遍又一遍地慢慢重复,让那样的节奏带你来到放松的心智状态。而一旦觉察到自己分心了,只要回到你的咒语,再重新开始诵念即可。这是一种找到内在寂静的有力方法。

6. 散发爱和光

放松地坐着,然后专注想着你爱的某人,或者可以用到爱或疗愈的某人。想象你传送爱和光给这个人,让爱和光从你心中散发出来,传送到他整个人身上。

7. 呼吸

在这个练习中,你只要观察自己的呼吸就行了。你完全中立,什么事也不做。当你的身体吸气时,去观察发生了什么事,吐气时也这么做。而一旦发现自己分心了,只要回到呼吸即可。

8. 放松

从头部开始,让你的肌肉完全放松,直到整个身体都全部放松下来。

把这八种练习都试过,看看哪一种最能帮助你深度放松。然后持续做这个练习,直到它对你而言变得很容易,你不自觉地就能做到。

冥想是种训练，教导你如何不因外在情境而分心，慢慢变得能够感受并体验发生在你之内的一切，远离心智。这会帮助你更能觉察自己内在的世界，以及令你分心的一切。

你的最终目标是要训练心智，让自己能够花几个小时徜徉于内在世界，然后你会更容易听到无形团队的声音，也更容易与他们沟通。

现在，我们要来谈一谈周围这些无形帮手。

认识你的无形团队

1. 指导灵

指导灵跟着我们，为的是要给我们建议、引导我们，这是他们的任务。

我们的指导灵是跟我们一样的灵魂，不过更为进化，在他们的训练中，有一部分是引导转世的灵魂。有些指导灵我们已经认识了好长一段时间，因为在另外一个世界，他们也是我们的老师。而根据任务不同，指导灵有自己的个性，这跟天使不一样，天使的雷同性较高，不过能量共鸣不一样。

指导灵知道我们来人世间的意念，以及我们想达到的目的。他们的任务并不容易，所以擅长运用各种讯号、暗示与巧合来提示我们。我们越警觉，就越容易看见这些讯号。

我们可以请教指导灵具体的问题，藉此得到答案和确认。我个人会请教我的指导灵许多事情，并透过观想与他们直接沟通。

例如，我会闭上眼睛、放松，然后想象自己走下一段约有二十五阶的楼梯。每走一阶，我就更放松，知道我越来越深入自己的潜意识、越来越放松。来到第二十五阶时，我站在一扇门前，门后是一座美丽的花园。我在花园里找到一个好地点坐下来，置身大自然中，上有美丽的天空，周遭则围绕着鸟儿、花朵和瀑布。然后我请我的指导灵以他们想要的任何形式现身。通常我会邀请三位指导灵，他们会以人形（通常是我不认识的人）或动物形出现，有时候则只出现一个符号。

当我跟指导灵坐在一起时，我会问他们三个同样的问题，且时常会得到彼此互补的答案。有时候我会得到一阵沉默，他们一句话也没说；有时候，他们认为我不该知道问题的答案；有时候，我得到的是谜语或图像。

有一次，我的指导灵变成一只正在玩耍的小猴子，他翻筋斗，玩球，但是不回答我的问题。最后他爬上一棵树，消失之前，他说："你还是不懂，对不对？你必须放松并放下，你太急躁了，而这阻碍了一切。"他很快地消失了。而从他刚刚显现给我看的真理中，我强烈地觉悟了。

我大多是跟指导灵一起商议必要事项，有时候也会商量小事情，例如应不应该雇用某人、能否信赖某人或接受某桩提案。这么做带领我到我平时不会去的地方，让我认识我平时不会认识的人。

我的指导灵也会给我特别的暗号。他们想跟我沟通时，我会突然没来由地打喷嚏，然后我就知道我必须进入我的内在，和他们商量。

而在我无法确定某事时，我会请我的指导灵在不到一星期的时间内给我确认的暗号，看是要在收音机上播放某首歌，或是让某个人打电话或寄信给我。此外，我也会请指导灵为我安排某些事，这样通常比我自己想办法推动这些事更有效率。

2. 同居灵

同居灵跟着我们，是要从我们的经验中学习。他们选择不转世，往往是因为他们很敏感。他们并没有要为我们完成任何任务，只是跟我们住在一起。

你也可以要求同居灵支持，他们的能量可以使你的能量更强大。但并不是每个人都有同居灵，不过那没关系。你也可以要求你的灵魂家族成员帮忙（在另外一个世界，你和这些成员住在一起），他们总是愿意参与，而且可以协助你实现愿望。

当你觉得寂寞或受威胁时，这个世界或另外一个世界的同居灵都会好好对待你，他们会陪伴你，或警告你有危险。你可以直接跟他们说话，学着感觉他们。

同居灵是在这个世界或另外一个世界都没关系，只要你开口要求，就能得到他们的爱和关注。

3. 寄生型存在体

这种存在体是完全不一样的类型，"寄生"这个词表示他们会消耗我们的能量。我们必须学会如何保护自己抵抗这类灵魂，他们没有去到另外一个世界，而是卡在人世间，试图透过别人处理他们尚未了结的情绪和冲突。有些这一类灵魂并不寄生，他们只是迷失了，希望有人帮忙，不过他们很害怕向前迈进，因为他们认为自己会受到惩罚（宗教的制约）。有些则仍旧执着于人世，不相信自己已经死了。

寄生型灵魂会影响我们的行为，会跟我们说话，会出现在我们的梦里，会在情绪上影响我们。有时候，我们会觉得我们不是自己，或者觉得有人跟我们在一起，或在我们的能量场内，或在我们之内。

碰到这些情况，你可以这么做：睡觉前，静下心来询问或感觉是否有灵魂未经你许可就出现在周围。如果你觉得有这样的灵魂存在，那么你可以用充满爱但坚定的态度，要求他们离开你的能量场，到光里或别的地方去。你可以请求你的指导灵、天使和大天使米迦勒，将这些不该和你在一起的寄生型灵魂移开，带他们到光里面去。

这种事经常发生，没什么好怕，你只要采取行动。当他们离开了，你通常会有非常强烈的感觉，就像能量转移了。之后，你每天早晚都要观想大天使米迦勒站在你身后，用他的透明翅膀将你整个人包覆起来，直到你处在一种透明的能量场内，只允许爱进入，寄生型灵魂无法穿透。对大部分人来说，这个方法效果最好。你也可以为心智设定程序，让自己对寄生型灵魂保持警觉，反击他们，并将他们送到光里。

即使你不觉得周遭有寄生型灵魂，最好还是进行某种净化仪式。烧几根蜡烛和香，播放让人放松的音乐，然后想象自己在一个三角锥里，三角锥的顶端有开口，这样那些存在体才能从那里离开，进到光里。你有几千名天使陪着你，他们散发出充满爱的神圣能量给你的灵体和肉体，然后你打开自己的心，把爱传送给你体内的一切。大天使米迦勒就在你身旁保护你。接着，你要求所有不是你指导灵或灵魂家族成员的灵魂离开你的肉体和灵体，回到光中。他们回家的时刻到了，你请天使们帮忙，把这些寄生型灵魂带到光里。等这件事完成了，你在那里待一会儿，享受那份爱和光，对一切心怀感恩。

4. 当地的存在体

当地的存在体可能住在某地方或留在某个特定的地方，他们可能以正面或负面的方式影响我们。

喧闹鬼是那种会骚扰人的存在体，他们可能很恶劣。这种存在体往往是遭谋杀，或者死于其他令人发指的方式，因此挫败感强烈。他们愤怒、不快乐，所以要别人也尝尝同样的苦。他们可说是灵界的恐怖分子，享受恐惧，想要好好地吓吓你。

此外，也有存在体不会伤害任何人、事、物，只是徘徊在特定地点，或就是喜欢那里。有些会被你的能量吸引，非常喜欢跟着你。他们也可能是祖先灵，喜欢关注你。也有可能是想要透过你转世的灵魂，或者因为堕胎，而无法透过你转世。

5. 自然灵

自然灵有小精灵、神灵、小矮人、树精和其他精灵。我碰到最多的是神灵，他们很可爱，只有几公分高，隶属于树和植物。当我静静坐在大自然中，邀请他们前来时，就可以感觉到他们的存在。他们感觉起来就像落在肌肤上的雪花一样，是一种细微的、充满爱的能量。

我常会对某棵树"有感觉"。我会把额头靠在树上，触碰它，然后立刻感觉身上传来一股平静。这些树也会跟我说话、给我建议，而它们的智慧和谈论的事情总是让我讶异。

如果你可以做、想这么做，不妨试试看。走过一片森林，找一棵让你有感觉的树，靠着它，静心观察，然后看看会发生什么事。

6. 大自然的力量

即风、火、地、水。这类灵非常特别，其实我跟他们没什么互动，除非真的有必要或凑巧碰上。

好多年前，我的家人已经注意到，不管我们去哪里，天气就会变。

1986 年，我们搬到加州，然后那年 11 月下雪了——在人们的记忆中，这是第一次在 11 月下雪。雪就下在我们住的地区，离洛杉矶不远。两年后在东京，也发生了五月下雪的事！

而每次我到荷兰，朋友常打电话跟我说："今天太阳露脸了，我马上知道你在荷兰。"这段话听起来很奇怪，不过我什么也没做，至少意识上没做。

我还听过一个巴西巫医的故事。有一位六十五岁的巫医参加了一项射箭比赛，其他年轻的参赛者都被距离和四周的喊叫声所影响，而无法射出好成绩。轮到这位老巫医时，他闭起眼睛，喃喃说了几个字，接着射出一箭，正中靶心，因而赢得比赛。观众都为他起立鼓掌，并问他是如何做到的，这位老巫医答道："这很容易。我什么也没做，只是与箭合一，然后大自然就带着那枝箭到我想去的地方。年轻人分心了，而我没有。我与带着我意念的那枝箭合而为一，并祈求自然灵的支持。"

这是自信吗？我们永远不知道。我们知道的是：让这些能量替我们工作并尊重这些能量，是无伤的。在寂静中，我们会找到所有的答案，就连还没说出口的问题也一样。寂静中是没有时间的。

7. 天使

天使是神圣能量的信差，他们的任务是让你的人生道路更美好、更轻松，不过你真的必须请求才行，因为天使会尊重自由意志的法则。所以，让他们为你渴望的一切工作吧！让他们帮助你找到你的梦想之家、配偶、停车位、保护、同伴、疗愈法等等，唯一可能限制你的是你自己的幻想。如果你什么都不要求，就什么也得不到。

重要的事情我都会请求天使帮忙：当我生病或迷失，当我的财务状况不佳，当我赶不上飞机，还有其他许多事。

8. 内在神性

内在神性是你的神性本质，是你那更高层次的意识，那里是所有知识的所在，也是你不会改变的部分。

内在神性是无焦点的能量，必须透过你的意念和指令，才能找到它的方向。只要清楚而具体地指引你的内在神性，它就可以在三度空间显化出来。这个动作可慢可快，你可以透过下面这几点支持你的内在神性：

- 不要限制
- 确定内在神性已经出现了
- 相信你值得
- 让内在神性出现

9. 动物灵

许多书都曾以动物灵为主题，我自己也有一些体验。在我醉心竞争性强的柔道和空手道的那段时间，一位老师教我在对打时连结美洲豹的能量，这么做带给我更大的力量。在柔道比赛中，如果有人把我压在下面，我就连结美洲豹，然后便能感觉到自己的力量倍增，一眨眼间，我就可以边发出咆哮声边释放自己。这个方法让我拿下多次柔道和空手道比赛的冠军。

请感觉哪一种动物拥有你想要开发的特质，并将那些特质召唤到自己身上来。在冥想的过程中，让自己完全沉浸在那种动物的能量里，并带着那样的感觉，让自己置身在那些情境中，体验那种动物的特质。

10. 祖先灵（部落意识）

我们身上带着家族的能量和DNA。我们的祖先因为打破某些业道而获益，于是站在一旁，希望协助我们也打破业道。这股家族能量超强，能够为你人生中一切有意义的事物提供援助，你要做的只是去要求这股能量，并允许它靠近你。

11. 升天的大师和圣人

当你致力于抽象科学时，可以召唤爱因斯坦、达芬奇、哥白尼、伽利略、苏格拉底及毕达哥拉斯等大师的灵，请求他们来帮忙会让事情变得更容易。

如果想要和平，请召唤甘地、马丁·路德·金等。如果你踏在征途上，那么拿破仑、夏卡（建立祖鲁王国的传奇酋长），以及著有《孙子兵法》的孙子等可以帮助你。

这些大师会带着爱，将他们的能量给你、支持你。不知道大师的名字也没关系，例如，假设你是个外科医生，那么你只要送出需求，请另外一个世界最好的外科医生来协助你。当我执行针灸疗法时，总是会请求曾经活在世上的最佳针灸师来帮助我，然后有时我会觉得有人引导我的双手来到特定穴道，有时我会用到之前没学过的技巧，不过却有股力量怂恿我这么做。

12. 基督能量

我发现基督的能量和力量非常特殊，因此我认为他属于另一个类别。那是一股巨大的疗愈能量，你可以在其中感觉到他那无条件的爱。还有来自基督的母亲玛利亚，以及抹大拉的玛利亚（译注：新约圣经中犯了淫乱罪，差点被人打死的那名妓女）的能量，那是增强的能量，对我们从事的一切有极大影响。

13. 其他能量

还有一些我没体验过的能量，不过的确到处碰得到，包括鲸鱼、外星人、昴宿星团、猎户座、仙女座等等。也有一些"负面"的能量，例如人们会崇拜恶魔、蛇神和许多我根本不了解的东西。

虽然还有许多东西我不了解，但我完全满足于这样的状态。精通并不是知道一切，而是朝有效率地运用自己的潜能而努力。

有时我会把这些能量混在一起用，有时会分开。我把他们视为我的支持团队，一直在我身旁帮助我。他们永远不会离弃我，我只要打开心胸接纳，并去感觉他们。如果我无法感觉无形团队的存在，那通常表示我没有跟他们连结。只要放松自己并运用某种冥想技巧，我就可以感觉到那份连结，以及他们的存在。希望你也可以从你的无形团队那里获益，他们对我人生的影响是正面的，我可不想在没有这支无形团队的陪伴下生活。

最后，我提供几个诀窍，帮助你将这些概念整合到你的人生里。

在你上床睡觉前，已经有几件事情必须做，我想再新增一个小技巧。先观想你隔天早晨如何起床，然后再观想睡觉的房间里有数千名天使，他们会在你睡觉的时候把神圣的能量传送给你，重建你每一个细胞，移除掉所有有毒物质，并治愈每一种疾病。

观想你自己置身在一个由透明的神圣能量构成的金色三角锥里，那个三角锥只允许爱进入，负面能量会弹出去。想象数千名天使就在三角锥里跟你作伴，你的指导灵也在那里给你建议，并将概念植入你的脑袋里。请允许他们用言语和行动协助你，告诉他们你目前面临的问题，派给他们任务，要他们跟其他团队成员一起为你找到解决方案。请他们将爱的能量传送给对你有负面情绪的人，并派遣天使到那些人那里去，开启他们的心胸，然后把你的内在神性传送给对方的内在神性。这是完美的双赢局面。

也邀大师进入你的三角锥里，并请自然灵来到你身边，然后务必确定要请寄生型存在体离开。如果你有医疗问题，那么就邀请最好的医生、治疗师和巫医的灵来疗愈你。

最后，以一段感恩祷告做为结尾。先感谢你体内所有的器官，然后感谢无形团队的所有成员、你的内在神性，以及所有支持你的存在体。再感谢所有你爱的人、你的父母、你的朋友、所有对你的人生有贡献的人，无论对方给你的影响是正面或负面的。

感谢这个世界赐予你的所有机会，将爱传送给每一个人。宽恕所有对你不好的人，祝福他们得到最好的一切。感恩和爱会在你周围创造出一个强大的气场（能量场），引导你的身体朝重生和疗愈前进。

进行完这些观想和感恩祷告之后，你会做愉快的梦，你拥有的会比你该得到的还要多。

第十一章 承担你该承担的主题：太迟了，你逃不掉的

在这一章里，我想把重点摆在辨识你的人生主题上，这样你才知道该在哪方面下工夫。

要达到真正深度的转化，你必须照照你的因果业力镜，且有勇气承认（辨识并认清）自己的因果业力，然后找出解决之道。如果你愿意面对，你的人生会有极大的改变，你会在灵性成长上往前大步跃进。

要找出你的人生主题，透过脉轮运作是最佳方法。"因果业力"

透过它们连结的情绪建立特定振动,然后振动会开启经络,这些经络又与特定脉轮起共鸣。脉轮又与你灵魂中的信息连结,有助于创造情境,好不断给你机会突破模式。

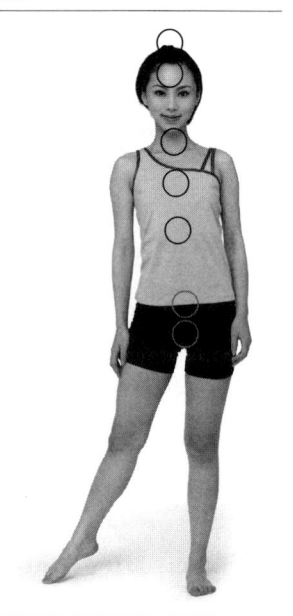

图58

我们来一一讨论脉轮。你的任务是要弄清楚哪些脉轮与你起共鸣,然后去执行该脉轮的特定指令与肯定句,同时运用意念启动该脉轮。

你的意念就足以启动你的脉轮,不需要别的。你不需要知道脉轮的位置,只要命令内在神性把你要的具体目标做好。

我把接下来要谈的关于脉轮的内容分成四大类:

第一类:属于该脉轮的感觉。

第二类:你必须以正向陈述去突破的模式,也就是目前停滞的学习过程。

第三类:你必须发展的特质,为的是要突破这个循环。

第四类:你必须运用内在神性去进行的冥想、意念和指令。

重点在于你辨识出什么、与你起共鸣的是什么,或什么东西触动了你。如果有所怀疑，就把该项变成一个主题。要开心面对你找到的每一个主题，因为现在要逃太迟了，而且逃避完全没有意义。这无关好坏，只表示你必须在哪方面下工夫。别试图只疗愈灵魂的最小部分，要尽可能让灵魂获得最大的疗愈。

认识十四种脉轮

脉轮 1：海底轮

关键词

- 爱人世间的生活
- 尊重彼此的过程
- 土、物质、必死、平安
- 回家、想家或渴望你的灵魂家族、活在当下

疗愈天使：米迦勒（保护）。

感觉

- 觉得在人世间没有安全感、没人爱或不被接纳。
- 在人世间没有在家的感觉。
- 觉得人世间不公平。
- 觉得人世间的意识很残酷。
- 人世间是个没有心或感觉的地方，无情、严酷。

- 觉得被虐待或利用。
- 觉得茫然（没有方向）。
- 觉得需要架构、宗教、信仰、一群人、一位老师、一位灵修导师。
- 觉得渺小而茫然，没有力量。
- 这个问题不断出现：我到这里来干什么？
- 觉得你无法应付"它"。
- 觉得你没有安全感、没有吸引力、没有人关注或没有人爱。
- 觉得不够好。

停滞的学习过程

- 学习看见自己和他人的阴暗面，并接纳金钱、物质、社会、人际关系、亲密和爱。
- 学习以爱和中立的态度感觉身体、金钱和物质。
- 学习接纳爱、父母、家庭、传统、文化、社群、城市、村庄、周遭环境和身体。
- 学习赏识人世间的生活，要去接纳和爱。
- 学习以正向的态度转化身体、疾病、不适、功课和挑战。
- 学习在没有保障、安全、爱和架构的情况下生活，并去感觉因此得到的放松。

需要发展的特质

- 敢于相信此时一切都井然有序。

- 敢于运用意志力、纪律和坚毅改变你的生命。

- 敢于爱你对他有意见的人。

- 接受此生是你自己的选择，并完全负起责任。

- 对过去有爱的感觉，即使是自己的伤痛经验。

- 平静地接纳别人的意见、信念系统及世界观。

- 敢于放下对物质和安全感的执着。

- 敢于面对讨论和对立，而不执着于结果，也不执着于希望自己是对的。

冥想 / 意念 / 觉醒

闭上眼睛，请求大天使米迦勒协助，让你的脉轮和主题臻于平衡。

开始回顾，看看这些主题如何影响你，因果业力（你被卡住的模式）是什么，以及这个模式（例如不断寻求财务保障）要耗费你多少能量。

接着召唤你的无形团队，请求建议、协助或指示方向。你需要哪些特质才能突破这些主题？想象你拥有这些特质，并利用五大元素穴点（见第七章），将这些特质整合到你的心智里。然后带着要将这些特质整合到你的脉轮、生命和自我认同里的意念，说出下面的肯定句。

重复这段肯定句，直到感觉很不错、不再感受到抗拒，对你来讲变得很自然。把这段肯定句写在纸上，如此才能随身携带，一天重复几遍。

肯定句

"我的心是开放的,而且充满爱。在不安全的世界里,我很安全。我是不死的生命,正在物质世界进行灵性之旅。我乐于去爱、去哭、去感受富有或贫穷,并以开放的心去体验所有经历,不加以批判。我负起责任,要完成所有尚未了结的事。"

下面是另外一段肯定句,请轮流运用这两段肯定句。

"我每天都更加尊重自己,更加赏识每一个人。我来到人世是为了学习爱每一个人,包括那些向我挑战,以及让我身处逆境的人。我完全准备好在人生中保持爱人的状态,还要增加我爱的能力,并像一块磁铁,吸引幸福、繁荣、快乐,以及所有正面事物。"

执行这些肯定句和练习,至少持续四个礼拜。你可以同时处理好几个脉轮,不过因为时间的关系,我不会同时处理三个以上的脉轮。然而只要你愿意,可以一个接一个,同时处理好多个脉轮。

脉轮 2a: 荐骨阳(右侧)

脉轮 2 是生殖轮,这是个双脉轮,由两个脉轮构成。通常女性脉轮(阴)在左,而男性脉轮(阳)在右。这里先介绍男性脉轮——荐骨阳。

关键词

- 性欲

- 爱你的身体和性欲

- 学习享受

- 做自己

- 难以控制的爱

- 温柔

- 感官

- 密宗

- 探索

- 游戏兴致

- 创意

疗愈天使：拉斐尔（合一）

感觉

- 觉得你必须装门面。

- 当事情顺遂或感到快乐时，就有罪恶感。

- 当过得开心时，就有罪恶感。

- 当无法"控制"时，就觉得浑身不对劲。

- 对自己的愿望、过去、思绪、幻想、性欲和感受有罪恶感。

- 感觉到性偏执、着迷、挫败、自卑、羞愧、压迫、支配、服从、不满、束缚、高估、否定、侵犯、愤怒或创伤后压力。

停滞的学习过程

- 学习接纳你的性欲和身体。
- 学习在不带期望的情况下付出爱。
- 学习不带罪恶感地享受你的身体。
- 学习不要因为他人不一样，就批判他。
- 学习放手、不控制，享受臣服。
- 学习柔软和臣服，而不是支配、侵犯和自我中心。
- 学习对自己和他人坦诚你的愿望、感觉、幻想、性欲、挫败和阴暗面。
- 学习开玩笑和调情。

冥想 / 意念 / 觉醒

请求天使拉斐尔协助（参阅脉轮1的做法），然后念下面这两段肯定句，把它们写下来，随身携带，以方便每天重复念几遍。

肯定句

"我喜爱在没有期望的情况下表现出脆弱，并敞开心胸，也喜爱怀着一颗充满信任的心过生活，并接受他人会经历到痛苦和哀伤。我感受到周遭每个人的本质，并体验他们的神性。我用爱和耐心转化针对我而来的挑衅。我觉得可以完全放手、不控制。"

"我每天越来越开放自己的直觉面，并学习越来越信任他人和自己。我学着看到并体验他人的好，并完全敞开心胸接受别人的好。我享受我的身体、我的性欲和脆弱，现在如此，永远如此。"

执行这些肯定句和练习，至少持续四个礼拜，直到你感觉完全自然，觉得这些肯定句和练习变成了你的一部分。

脉轮 2b：荐骨阴（左侧）

接下来介绍的是女性生殖轮——荐骨阴。

关键词

- 在不带期望的情况下付出爱
- 敢于有魄力
- 学习享受
- 感官
- 游戏兴致
- 创意

疗愈天使：加百列（新的人生）

感觉

- 觉得自己任凭他人摆布、没有控制权、没有力量，觉得自己是受害者、软弱、不够坚强、不是任何人的对手。
- 对你的身体、性欲、思绪、愿望、感觉和幻想感到羞愧。
- 对于性欲、接受亲密行为、接受恭维、完全开放、得到关注、争取平等、设定界限、有魄力和完全做自己等方面觉得没有安全感。

停滞的学习过程

- 学习接纳并泰然面对自己的力量、美丽、性欲、身体、脆弱、独立和灵性。

- 学习宽恕并放下那些曾经利用你的天真、弱点或身体的人。

- 学习放下过去,活在当下。

- 学习重新付出,学习脆弱并投入亲密行为。

需要发展的特质

- 敢于独立。

- 在不带期望的情况下付出爱。

- 敢于完全享受。

- 敢于设定界限,并觉得这样的设定很不错。

- 敢于保持中立,即使对方有侵略性又霸道。而且敢于设定界限,把握住自己的力量。

- 能够在不因对方而失去自己的情况下,应付喜欢操控的人或扮演受害者的人。

- 要有魄力,在必要的时候甚至要有侵略性,敢于提出自己的要求,并为这些要求奋战。

冥想 / 意念 / 觉醒

请求天使加百列协助(参阅脉轮 1 的做法),然后念下面这两段肯定句,把它们写下来,随身携带,以方便每天重复念几遍。

肯定句

"我喜爱我的身体,把握住我的力量,而且完全可以脆弱。我放下受伤和愤怒的感觉,信任内在神性,相信一切将会顺心如意,而且相信我走在正确的道路上。"

"我完全活在此时此地,完全放下过去,并将光、爱和天使传送给曾经伤害或利用我的每一个人。我宽恕他们和自己,而且深深地感恩所有的功课,不管有多痛。"

执行这些肯定句和练习,至少持续四个礼拜,直到你觉得完全自然。

脉轮3:太阳神经丛

关键词

- 爱人生的变化无常
- 真诚
- 敏感度(对环境)
- 庇护
- 内在与外在的平衡

疗愈天使: 拉吉尔(中立)

感觉

- 觉得太过。

- 愿意接受他人的能量。
- 无法庇护自己。
- 把一切都放在心上好长一段时间，并继续感受这一切。
- 觉得脆弱且过度敏感（一切照单全收，没有过滤）。
- 无法分辨你的感觉和他人的感觉。
- 不确定人生的方向。
- 感觉焦虑，无法稳住自己。
- 需要别人的确认才能感觉良好。

停滞的学习过程

- 学习离开你的舒适区，冒一下险。
- 学习以中立的心态接受他人意见，不要把别人的意见当做是针对你个人。还要学习为自己评估有用的信息。
- 学习用中立的态度陈述感受，并对你感觉到或触动你的一切负起责任。
- 学习让别人自由，不用你的方式引导或影响他们，同时接受他们的选择。
- 学习放下别人的意见。

需要发展的特质

- 敢于以中立且具有强力的心态设定你的界限。
- 敢于要求你认为自己需要的。
- 敢于庇护自己，并认识你的界限。

- 敢于开放自己，并对别人有同理心，即使他们和你意见不同。
- 设定界限和保护界限的做法要一致，清楚、明白、有力，没有任何疑虑。
- 不把别人的意见当做是针对你个人。

冥想 / 意念 / 觉醒

请求天使拉吉尔协助（参阅脉轮1的做法），然后念下面这两段肯定句，把它们写下来，随身携带，以方便每天重复念几遍。

肯定句

"我喜爱成为自己人生的创造者，并喜爱从我已经创造及共同创造的事物中学习。我信任我神圣的指引和我的人生道路，我只需要付出爱给我自己和别人。"

"我把握住自己的力量，不将他人的意见和批判当做是针对我个人。我放下控制及影响他人的需求，并确定我的选择、我的人生和我的人生道路，现在如此，永远如此。"

执行这些肯定句和练习，至少持续四个礼拜，直到你觉得完全自然。

脉轮 4：脾

关键词

- 爱你看待自己的方式
- 正面的自我形象

- 基督意识

- 值得爱

- 无条件

- 自我负责

疗愈天使：伦凯（觉醒）

感觉

- 你觉得自己是次等的。

- 你觉得自己不够好 / 不值得 / 不坚强 / 不能干、聪明、美丽。

- 你没有真正感觉快乐，不知道自己能否处理真正的快乐 / 你没有感觉到充满爱。

- 你觉得筋疲力竭 / 疲惫 / 沮丧 / 软弱 / 无能 / 不被爱。

停滞的学习过程

- 学习观看 / 发现自己，学习坚强、有力量、有价值、有勇气、优雅、能干、聪明和美丽。

- 学习对你的感受，以及你对自己和世界的看法负责。

- 学习看见挑战和障碍的正面性。

- 学习花时间替自己补充能量。

需要发展的特质

- 敢于觉得自己有价值、聪明、很好、美丽、有力量、有勇气、优雅，同时你的行为要表现出这样的特质。

- 敢于做自己，不再忽略自己，认为自己渺小、次等、丑陋、愚笨、软弱，或让自己隐身在幕后。

- 接纳你自己，并放下总是要证明自己的需求。

冥想 / 意念 / 觉醒

请求天使伦凯协助（参阅脉轮 1 的做法），然后念下面这两段肯定句，把它们写下来，随身携带，以方便每天重复念几遍。

肯定句

"我喜爱受我的内在神性启发，并完全接纳我的伟大与神性。那份神性是我的灵感，以及我生命力的源头，现在如此，永远如此。"

"我爱我自己原本的模样，并看见我的力量、光和神性。我知道我值得被爱，值得快乐、发达、健康和成功，我从此刻开始完全接纳这一点。"

执行这些肯定句和练习，至少持续四个礼拜，直到你觉得完全自然。

脉轮 5：心

关键词

- 爱自己，感恩自己
- 爱和勇敢面对
- 接纳自我
- 活在爱、感恩和谦卑中

疗愈天使： 赫卓尼尔（爱）

感觉

- 觉得容易受伤或被拒绝。

- 觉得脆弱。

- 觉得依赖他人。

- 觉得孤立、寂寞、被遗弃、被隔离。

- 无法放下过去或宽恕。

- 无法相信人。

- 觉得失望。

- 觉得漠不关心（缺乏慈悲、热忱、喜悦、愉快和乐观）。

- 无法对他人敞开自己。

停滞的学习过程

- 学习爱自己，并为自己创造时间和空间。

- 学习宽恕自己和他人。

- 学习在任何关系中都把握住自己的力量。

- 学习拒绝他人，而不是牺牲自己，或带着抗拒做事。

- 学习不管过去发生什么事，都再度打开你的心，并勇敢前进。

- 学习在亲密行为中感觉良好，并因此逐渐开放自己。

- 学习去爱别人，但是不把自己摆一旁。

需要发展的特质

- 敢于在任何关系中做自己，并照顾自己。

- 接受所有因为爱自己、支持自己，并设定自己的界限所造成的后果。

- 敢于拒绝他人，即使别人会因为你的拒绝而经历痛苦。
- 要诚实、清楚且勇敢地面对自己和他人。
- 宽恕每一个人，甚至是那些深深伤害过你的人。

冥想 / 意念 / 觉醒

请求天使赫卓尼尔协助（参阅脉轮1的做法），然后念下面这两段肯定句，把它们写下来，随身携带，以方便每天重复念几遍。

肯定句

"我的心完全开放，并怀着感恩、自在和喜悦去享受每天越来越深入的爱和亲密。我体验到对自己和他人的无条件的爱，现在如此，永远如此。"

"我持续无条件地爱自己，并因为我努力保护我的界限，而感觉良好。同时我也接受他人可能会因此觉得受伤、觉得被冒犯、拒绝我或不喜欢我。我很满意我自己，我的成长就是我要走的路。"

执行这些肯定句和练习，至少持续四个礼拜，直到你觉得完全自然。

脉轮6：胸腺

关键词

- 喜爱改变
- 不带抗拒地生活

- 带着游戏兴致过生活

- 弹性

- 免疫力

- 放掉架构

- 自由

- 走新方向

疗愈天使：尼斯洛克（智慧）

感觉

- 感觉到抗拒。

- 被阻碍了。

- 觉得死板，依赖保障和规则。

- 不信任自己的能力。

- 需要保障、架构、信仰、方向和规则，才会感觉良好。

- 想念"过往美好的日子"。

停滞的学习过程

- 学习弹性和适应性。

- 学习处理不断出现的变化。

- 学习过没有抗拒的生活。

- 学习保持游戏兴致和自由。

- 学习放掉规则、架构和教条，并信任自己的能力。

- 学习活在当下。

需要发展的特质

- 弹性
- 游戏兴致
- 自由
- 不执着
- 放下过去
- 轻松面对变化，并放掉架构

冥想/意念/觉醒

请求天使尼斯洛克协助（参阅脉轮1的做法），然后念下面这两段肯定句，把它们写下来，随身携带，以方便每天重复念几遍。

肯定句

"我爱我迅速适应、容易改变且放掉过去的能力。我喜爱开心地玩，并逐步开发我的弹性和自发性。"

"我喜爱向我下战帖的改变，也喜爱放掉架构，并保持心胸开放，保持游戏兴致、有创意、有弹性。"

尽可能经常念这些肯定句，至少持续四个礼拜，或者直到这些句子完全整合到你之内。

脉轮 7：喉

关键词

- 对于表达自我的爱

- 发展才能
- 成长
- 以优雅沟通
- 创意
- 精通
- 纪律
- 有艺术性
- 记住你自己

疗愈天使：翁卡侬（沟通）

感觉

- 恐惧伤害或拒绝他人。
- 觉得被误解，或无法以适当的方式表达。
- 在发展才能时受挫。
- 觉得不被了解。
- 感觉他人看不起你、觉得你很奇怪，或者不正视你。

停滞的学习过程

- 学习发展自己才能的纪律。
- 学习为你的梦想奋斗，而不是落入舒适区中。
- 学习从中立、爱和力量的观点来沟通。
- 以爱和中立的态度勇敢面对。
- 诚实而清楚地沟通，不要将自己的假设投射在他人身上。

需要发展的特质

- 坚持不懈，紧握住你的梦想。
- 展现你的才能，并进一步发展。
- 拥有达到精通境界的耐性和纪律。
- 敢于诚实、清楚及勇敢面对。
- 相信你自己、你的才能、你的创意和你的梦想。
- 敢于不同、独特和真诚。
- 敢于相信你的潜力和才能。

评估

在发展精通能力上，脉轮7非常重要。纪律、毅力和练习都是不可或缺的。你已经放弃自己的梦想了吗？你不再发展自己的才能了吗？你忘了哪一种潜力？你的借口是什么？没时间，没办法替你赚钱，还是你不够好？请彻底分析你深埋在心里的一切，并唤醒你未知的能力。

冥想 / 意念 / 觉醒

请求天使翁卡侬协助（参阅脉轮1的做法），然后念下面这两段肯定句，把它们写下来，随身携带，以方便每天重复念几遍。

肯定句

"从现在开始，我只在成人的层次上沟通，并清楚表达我的界限和创意。我说话无懈可击，不带假设。我的话中有爱，却强而有力、清楚，而且不对自己和他人表达负面讯息。"

"我完全可以拒绝他人，并继续相信自己，甚至在别人看不见我的潜力、创意和才能时也一样。我怀着感恩、快乐和喜悦，继续发展我自己、我的毅力和纪律。"

脉轮8：脑后轮（宇宙通道）

关键词

- 爱大自然和地球
- 大自然中的寂静与冥想
- 连结的能力
- 神灵
- 在觉知中生活和行动

疗愈天使：乌西勒（信任）

感觉

- 感觉不到与你的指导灵有所连系。
- 一个人的时候，或是安静的时候，觉得不自在。
- 感觉不到与大自然连结。
- 感觉不到微妙的能量。
- 不信任无形的事物。

停滞的学习过程

- 学习腾出时间置身大自然。

- 学习负起预防疾病的责任，并疗愈自己。
- 学习活在当下，休息一下，并觉察周遭的美。
- 学习将自己调整到和宇宙能量协调一致。

需要发展的特质

- 敢于和工作及家人保持拒离——为自己负责，并腾出时间置身大自然。
- 敢于每天给自己自由时间，以便冥想，并体验自己。
- 敢于在大自然中独处，敢于独自一人前往宁静的地方。
- 敢于从宇宙能量中感觉微妙的意念和能量，并跟着这样的意念走。

评估

这个脉轮很特别，因为它要求你走进大自然，并保持安静。若要从纷乱的科技世界中释放所有的负面和不协调，并站稳脚跟，这一点很重要。地球的磁力是疗愈和心理健康不可或缺的要素，它会加快身体复原的能力。定期离开水泥世界，并花些时间置身大自然是有必要的。请下定决心，一星期至少做三次这样的事。

冥想 / 意念 / 觉醒

请求天使乌西勒协助（参阅脉轮1的做法），然后念下面这两段肯定句，把它们写下来，随身携带，以方便每天重复念几遍。

肯定句

"我喜爱疗愈自己和他人，允许神性的能量流经我，日日夜夜替我补充宇宙能量。在睡眠中,我越来越年轻,并重获新生。"

"我乐于觉察周遭的美,乐于花时间疗愈自己,让自己重生。"

尽可能经常念这些肯定句,努力做到一个礼拜到海边、森林或乡间两三次,直到这一切变成习惯。

脉轮9：松果体

关键词

- 喜爱灵性,感觉你的神性
- 发展连结身体感官的能力(天眼通、超自然听觉和感觉、心电感应)

疗愈天使: 舍姬娜(合一)

感觉

- 恐惧暧昧不明和不实际(恐惧失去"它",不再与现实连结)。
- 感觉无法与无形、没有实体或不可量测的世界共处。
- 在踏实、实际、愤世嫉俗、怀疑、挖苦和表面的态度保护下,感觉很不错。

停滞的学习过程

- 学习泰然面对你的灵性面,在那里,你觉得完全自在。
- 学习优先考虑灵性,并投入时间、金钱和能量在灵性上。
- 学习发展并利用你的非身体感官——直觉,倾听并和你的指导灵和无形团队沟通。

- 学习察知并警觉微妙的征象和信号。

- 学习到：你必须先相信，才能在生活中具体实现。

需要发展的特质

- 站起来，拥护你的信念，并尊重他人看待世界的方式。

- 敢于信任你的冲动，并跟随它。

- 敢于跟随你的直觉和你的无形团队。

- 敢于体验你的灵性，而不在意别人怎么想。

评估

优先考虑你的灵性生活很重要：每天学习冥想，学习开启你的生命，并去上一些会带领你迈向下一个大跃进的课程。时间、金钱和能量是关键词。你目前处于哪个位置？你用了哪些借口（没时间、没钱、没有交通工具等等）？把你的障碍和其他共鸣写下来。

冥想 / 意念 / 觉醒

请求天使舍姬娜协助你整合这个脉轮，并赐给你力量、纪律及热忱，让你投资时间、能量和金钱在灵性修为上。请参阅脉轮1的做法。

接着念下面这两段肯定句，把它们写下来，随身携带，以方便每天重复念几遍。

肯定句

"我每天都更开放自己，追求灵性，并服务他人。无论生死，我都相信更高的层次会照顾我，也相信我会在那份神性中找到所需的一切，并创造连结我内在神性的仪式。"

"我享受并热爱跟随我的灵性道路往前走，去体验我的灵性，并信任来自无形团队和内在神性的更崇高的指引。"

时常念这些肯定句，直到你觉得这些句子是真的。

脉轮10：第三只眼

关键词

- 爱你所选择的路
- 开放你自己，接纳无形事物
- 直觉
- 宇宙的爱
- 超越世俗

疗愈天使：巴夏（更高层次的意识）

感觉

- 怀疑你的直觉。
- 恐惧放掉现实，想确实知道一切，害怕远离物质生活。
- 没有保障就觉得不安心。

停滞的学习过程

- 学习去服务并关注他人。

- 学习信任你的直觉。

- 学习信任微妙的信号，并从自己的内在找出答案。

- 学习不因为自己比较进步，就想要影响或操控他人。

- 学习合一（感情与理智）。

需要发展的特质

- 敢于完全跟随你的直觉。

- 在你的内在找寻所有答案。

- 敢于完全信任你的指导灵和更高层次的自我。

- 敢于放掉所有保障。

评估

直觉是你迟早必须发展的特性，它要求你去冒险，不要老打安全球，这让你有可能走上新的路。虽然你会遇到挫折、产生怀疑，不过就采取行动吧。直觉会带你进入新的体验，没有这些体验，就没有成长。

冥想／意念／觉醒

召唤天使巴夏来开启你的眼，让你看见你无法看见的一切（请参阅脉轮1的做法）。然后念下面这两段肯定句，把它们写下来，随身携带，以方便每天重复念几遍。

肯定句

"我百分之百意识到我经历的过程，并谦卑地接受我的功课。我是谁、该往何处去，这样的问题一天比一天清楚。"

"我享受我的内在世界,并且完全自在地信任我的直觉,即使我的感觉或理智有不同看法。"

将这些肯定句重复许多遍,让你自己熟悉它们。

脉轮 11:顶轮

关键词

- 与更高层次自我的连结
- 利用宇宙的爱疗愈
- 对同类怀着慈悲心
- 活在你自己的实相中

疗愈天使: 萨基尔(意念)

感觉

- 因为你的权位、影响力、物质条件、优越、讥讽、支配、隔离自己的感觉、庇护、装懂、镇静、骄傲、自大、冷漠、不关心,而觉得迷失。

停滞的学习过程

- 学习到无条件付出,自己得到的会比别人多。
- 学习发展深刻的慈悲心,不论面临什么事都能拥有爱心与关怀。
- 学习站在你的同类附近,随时伸出援手。
- 学习到慈善需要个人能量,金钱是买不到慈善的。

需要发展的特质

- 敢于信任内在神性。
- 无条件爱人,并付出爱。
- 敢于臣服于狂喜与快乐。
- 敢于完全展现自己。
- 敢于完全宽恕、忘掉,并重新开始。

评估

这里讨论的是接受无条件的"爱和接纳",这是最难整合的主题之一。它要求一个不间断的觉知过程,以及不断疗愈自己,以放下你的期待。你可以把这个视为一种特殊的训练,要带你来到爱的最高形式,让你完全接纳自己和他人。

冥想 / 意念 / 觉醒

请求天使萨基尔帮助你,让你拥有无条件的爱(参阅脉轮 1 的做法)。然后念下面这两段肯定句,把它们写下来,随身携带,以方便每天重复念几遍。

肯定句

"我觉得受到祝福,欣喜若狂。对于我的力量、我的智慧,以及此生得以拥有无条件的爱,我觉得感恩。我爱生命,爱神性的智慧,也爱所发生的一切。我祈祷人类拥有平静与和谐。"

"我一天一天越来越擅长无条件地爱人,以及为他人付出,而且也越来越能以开放的心面对受苦的人,或无知、傲慢的人。"

念这些肯定句，直到你能够想象它们。

脉轮 12：转化

关键词

- 以无条件的爱和慈悲转化业力
- 同步性
- 一切都信任内在神性：臣服、放下过去

疗愈天使：弥迦（灵性进化）

感觉

- 抗拒完全臣服于最高层次。
- 当你完全敞开自己时，觉得脆弱且没有防护。
- 抗拒权威，抗拒放掉控制权。
- 恐惧内在神性。

停滞的学习过程

- 学习到内在神性是完全中立的，而且赐给你所有力量（自由意志）。
- 学习到灵性成长过程是越来越深入，而且会变得更复杂。
- 学习到犯"错"是灵性成长的唯一方法。
- 学习到这一世的生命和体验，是来自你的自由意志。

需要发展的特质

- 敢于犯错，敢于冒险，敢于放掉保障。
- 敢于跟着你的人生意念走。
- 敢于将灵性变成你的绝对优先，放下你过去的生活。
- 敢于踏出舒适区，从肤浅的表面跳入心灵深处。

评估

灵性是唯一的召唤。在最高的层次上，只有爱。过去是历史，你当下如何则是现实。一切都被宽恕和遗忘了，只有爱和慈悲留下来。你把这点整合到人生中了吗？程度有多深？你想在什么事物上下工夫？你需要踏出什么样的舒适区？你人生中真正想要的是什么？

冥想／意念／觉醒

召唤天使弥迦来支持你，让你放下过去，完全踏入灵性世界，并突破阻碍你的一切（参阅脉轮1的做法）。然后念下面的肯定句，把它们写下来，随身携带，以方便每天重复念几遍。

肯定句

"我的心完全开放，以转化我的人生意念，并在一路上尽可能学习与神性智慧、力量和爱合一。"

"我享受我的学习过程，也享受我的不朽和人生意念的觉醒。我完全放下我对保障和舒适的需求。"

这些肯定句非常有力，尤其在你召唤天使弥迦时，力量更大。让它们成为你自我认同的一部分吧！

脉轮 13：蜕变

蜕变包含能量与物质的大跃进，让我们可以使用宇宙能量来喂养自己、疗愈及重生。

关键词

- 不执着于物质
- 完全臣服于内在神性
- 完全开放，以运用内在神性的能量

蜕变天使：哈密德（奇迹／魔法）

感觉

- 恐惧完全放掉实相，并把灵性视为新的实相。
- 要放下你所成就、学习和相信的一切，让你觉得愤怒和抗拒。
- 对完全臣服感到恐惧。

停滞的学习过程

- 学习到最好的控制就是不控制。
- 学习到死亡是回家，是放下所有的疼痛、苦难、幻相和执着。
- 学习到世界是被创造来不断测试你的一致性和信念。
- 学习完全且盲目地信任内在神性。

需要发展的特质

- 完全的臣服与信任。
- 确切知道一切安然。

- 完全放下对物质的执着。

- 在不执着的情况下，创造富足与繁荣。

- 完全不受他人意见的束缚。

评估

第十三个脉轮代表步入你的内在神性，这是困难且具有挑战性的一步，一般人认为这个过程需要时间。

透过承担自己该承担的主题，并克服这些主题，你慢慢步入内在神性。带着愉悦进入这段过程是一种艺术，这样在似乎没有尽头的时候，你不会（像许多人一样）感到厌烦。如果你能在学习功课的同时体验到喜悦，那么要花多少时间其实都无所谓。最重要的是要发展一种无可怀疑的坚定信任，让你不会怀疑你所踏上的这条路。

把引起你共鸣的一切写下来。

冥想 / 意念 / 觉醒

召唤代表奇迹和魔法的天使哈密德，让他每天在你心中散发出"一切都很好"的坚定信任，然后也对每一个细胞这么做，让你能够感觉到。请参阅脉轮 1 的做法（如果有疑问，永远信任哈密德）。

然后，念下面这两段肯定句，把它们写下来，随身携带，以方便每天重复念几遍。

肯定句

"我所有的力量、智慧和爱都来自于内在神性，而且我怀着喜悦、自在和感恩。我是纯粹的爱的化身。"

"我一天一天越来越擅长放下所有形式的控制，也放下别人说的话。我对这一点感觉很好且有自信。"

这些肯定句是你的一部分，非常有价值，可以当做你的日常箴言。当你想突破障碍时，请经常召唤天使哈密德。

第十二章 当下，一切完美：臣服

处在当下是一种艺术。你如何知道自己是处在当下的呢？这个当下是当你脱离情绪的时候。情绪是与过去的连结，是曾经痛苦的记忆。当你与真正的自我连结时，你也穿过了你的思绪，那些思绪有百分之九十九是你已经想出来的——它们是你心智制约的回音。穿过那些情绪，穿过那些思绪，你就会找到自己，然后在那里找到无条件的爱、慈悲、寂静和喜悦。在那个当下，时间是静止的，然后你进入那股流动里：你流动，你与自己的创意连结。

举个例子吧！写这本书带我来到当下。我每天早晨早早起床，拿着笔坐下来，然后文字流经我的笔，出现在纸上，连续不断。我完全没有觉察到时间，因为我处在当下，与那串来自我更高意识的信息流连结了。在写作时，我常常会忘记身体的其他部分，然后几小时后，我发现自己的脚或腿麻木了。

而当我在几星期或几个月后重读自己的作品时，往往会看见自己似乎不知道的新东西，那些信息是从哪里来的呢？没错，就是来自更高层次的意识。

在当下那一刻，一切是静止的，这使得内在神性可以流经我们，并让所有事物都以流畅、自然的状态流动。我们处在当下了！

"处在当下"是我们存在的自然状态，它往往被我们对未来的期望、对所发生事情的诠释（是诠释，而非"体验"），以及我们的努力（要达成"某事"的动机）所打断。我们不断在投射，而投射会将我们带离当下。当我们体验某样东西时，已经在尝试赋予它某种意义（诠释它）；当某人做了某个动作或说了某件事，我们已经在反应了。因为这样，我们就走出了那份体验，再也不处于当下了。

当某人以错误的方式表达某件事，你的反应可能颇为离谱，因为你误会了对方所说的话。如果你处在当下，你会先发问厘清，然后你会觉察到自己身体的反应。你观察这些反应，而且是从外面看着它们。你知道这些反应是源自于早先的事件和制约，与当下无关，然后你立刻走出这个情境，体验每一种形式的反应，直到你清楚了解到底是怎么一回事。例如，你看出对方的反应也是由他的过去而来，而你拒绝参与他的反应。你不假设，不诠释，不让对方当下的反应变成是针对你个人。你会立刻放下自己的情绪，并且不断地从过去或未来回到当下。

一旦我们敢允许这个新特质安驻在我们之内，就会突然发现自己的内在就是一切的源头。我们是开端，也是终了，是诠释（情绪或思绪），或是体验的静默。处在当下并不只是处在此时此地，处在当下是允许"体验"，是开启对现状的关注，没有判断，没有分析，不需要下结论或有目标，也没有期望。对于推动我们往前的一切，我们不执着。自由地去体验何谓"处在此时此地"。我们的一部分会感觉、抚慰、嗅闻、看见，而我们也放掉透过感官所得的信息，并回到处在当下的状态，也就是说，体验却不诠释。

处在当下代表我们在万事万物中看见光和美，甚至在死亡里面。因为没有诠释，我们可以只是体验，并觉察到"过渡"、灵魂的解放，以及返家旅程的开端。当你用中立，而不是诠释的态度去体验生命中的所有过程时，你体验到的就不一样了。

处在当下是释放过去。它永远在那里，就等着我们踏进去。处在当下是一份礼物，请送给你自己这份礼物。在"处在当下"里，你放松，处于一个自然的状态，你什么也不必做，只要存在就行了！

问题是，你敢放掉过去和对未来的诠释吗？如果敢，你就能处在当下。

在第九章里，我介绍了"黄金三角"，这些黄金三角的作用就是要释放你的过去。你在那里学到如何将未处理的情绪转化成正向的因果业力，也就是已经存在你之内的模式。

然后在第十一章里，我们学会找出自己卡在哪些因果业力中。透过那些脉轮，我们找到另外一种放掉过去（因果业力）、重新回到"存在"的方法。

这些技巧和概念帮助我们觉察非我本性的东西，让我们回到存在的最初状态。

如果这一切让你感到困惑，那么你就是太忙于了解，而这么做，你是永远也找不到"它"的。这其中的秘密在于：你不在乎是否了解它，只是去体验这个概念。然后你会只体验到重要的部分，或者你会感觉它在你之内爆开来。有爆裂，就有平静、爱和快乐的感觉，而那就是真正的你。其他的所有东西都是分心、诱惑，是一条带你离开自己的道路。

尾声 接下来呢？

我现在要开始讲本书的最后一部分了。

我们到底走了一段什么样的旅程呢？一开始，我们谈到行若无事，谈到灵魂回家的旅程如何开始，以及死后会发生什么事。接着谈到为了这一世所进行的准备工作，以及挑选我们未来的身体。在这里我们了解到，人的身体是个不一样的存在体，跟我们——旅行中的灵魂——有完全不一样的思考方式。

然后我们来到人世间。离开子宫这个温暖、安全的地方之后，出生就像洗个冷水澡，接着我们开始迷失在代代相传、受到制约的心智幻相中，那方式就好像原始部落的人将在丛林中求生的旧习惯传承下去一样。

紧接着，我们了解到有个觉醒的阶段，希望接下来是一次转化，也就是解决尚未处理的事情。我们了解到心智像一部计算机，我们可以重新为它设定程序，而我们也学到了如何成为自己的舰长。

接下来，我们谈到我们的灵魂，以及我们的脆弱。我们发现，我们灵魂的"旧"伤、我们对触发因子的敏感，让我们可以疗愈，并因此变得不那么脆弱，且更为真诚。我们也发现可以透过脆弱满足我们的基本需求。

然后我们非常深入地探讨经络和情绪，而且学到十四个穴道。利用这些穴道，我们可以对付其他主题。

我们还必须认识我们的无形团队，以及如何运用这个团队。接着我们学到了十四个脉轮，认识了十四位大天使，有了他们的陪伴，我们可以对付我们的主题。在这里，我们也认知并了解到，我们无法逃离自己的因果业力，勇敢面对它们是最好的方法。

最后，我们谈到"处在当下"是一种艺术，是送给自己最美的礼物。我们必须不断让自己臣服于当下，臣服于更高层次的引导，并体验到爱、平静和快乐。

如果你没有体验到这点，那么你就是没有处在当下。所有事物本来就是平静而完美，你可以放掉一切，然后成为完全的自己。

你来到人世间是为了增加爱人的能力,至于如何做到这点,跟任何人都没有真正的关系。

我希望这本书对这一点能有所贡献。不管你做什么,我衷心希望你情绪非常平衡!

使您的生命健康、快乐、丰盛又充满活力

Happy Life Remedies©
就用快乐人生花精©

罗伊·马丁纳博士 研发

30年的研究与测试

30年前，罗伊·马丁纳博士开始开发特殊配方来疗愈人们身体、心理和灵魂，通过治疗超过6万名病患的过程，他发现了导致疾病、压力和不快乐的根本因素。他的配方被美国、欧洲和俄罗斯的数千名治疗师广泛地运用在治疗上。现在他的花精也可以在中国买得到了！

快乐人生花精运用在灵魂的"气"上

传统的中医主要通过治疗肉体上的生化问题影响身体较细微的能量运作。这种细微的能量运作就涉及到"气"。 罗伊·马丁纳博士的快乐人生花精是特别开发出来，用于调整根植于我们心智与情绪中更深层次的问题，这些问题是由人生中每日的压力所产生的。花精可以对此产生深入的效用。

融合：东西兼容

这样结合精心配制的花的精华、宝石与水晶能量的组合创造了一种和谐振动频率的能量形式。这样的配方是独一无二的、完全由罗伊·马丁纳博士领先开发出来的。当我们使用这些配方时，通常配合针灸穴位一起使用。这样结合的运用是非常强而有力的，它可以更快、更有效率地增进心智、情绪上的幸福安康。针灸这个有着几千年历史的古老科学，借由花、宝石、水晶等的超细微能量的帮助更能发挥出神奇的效果。

肯定句开启了潜意识心智的大门

在西方世界，正向肯定句的运用已经取代了印度传统的真言咒语了。当您正确地运用正向肯定句时，它会在我们无法控制的潜意识心智中重新设定程序。潜意识心智对我们感觉以及处理面对的压力有着极大的影响力。罗伊·马丁纳博士所创造出来的特殊肯定句可以活化潜意识心智中的弱点和冲突，然后加上服用花精和按压穴位点，将会非常快速地清除这些未解决的冲突。这是一种可以如此快速达到这样效果的程序。

ROY MARTINA EXPERIENCE
Be the Best you can Be

快速转化的秘密 ✳

现代的中国正以一种史无前例的速度高速成长，人力资源的需求正同步成长。现在我们需要高抗压能力以便能更适应这种快速转化。为了要实现专注、没有压力并活出自己的力量，罗伊·马丁纳博士的花精是一种帮助。穴位按摩、肯定句与新的革命性花精的结合，让你可以变得快乐、健康、充满活力。

不要再等待了！赶快踏上真正快乐且没有压力的人生旅程 ✳

> 想要知道更多有关这种对心智健康有益的革命性花精的信息并订购，请登录罗伊·马丁纳博士的中文网站 www.roymartina.cn.com

来自罗伊·马丁纳博士的3件免费礼物

1. 罗伊·马丁纳博士是位西医，而且是一位致力于心智健康的先锋，至今为止已有超过10万人接受过他的治疗和训练了。为了庆贺马丁纳博士到中国来，马丁纳博士的网站特别提供一段引导静心录音，您可以在网上免费下载，让您可以在睡眠时完全放掉所有压力。倾听这样的引导静心录音，您的压力将会消解，隔天早晨将会充满活力、无比清新、如重生般地起床。这段30分钟的引导静心录音是罗伊·马丁纳博士送给大家的免费礼物。

2. 罗伊·马丁纳博士要送给大家的第二件礼物是一段文章，告诉大家如何没有压力并保持健康。这个文章将会以电子报的方式寄给您，内容包含很实际的信息，让您可以不断地改变您的生命。压力是最要命的敌人，再加上环境的污染，如此就会导致人们患上慢性病，包括癌症。收到这样的电子报您就可以免费地学习到如何处理这些日常的挑战了。

3. 第三件礼物就是您可以在罗伊·马丁纳博士的网站上免费下载"快乐人生花精"使用小手册。这个电子书详细地说明了所有的"快乐人生花精"，并告诉您如何运用这些花精来战胜压力、没安全感、恐惧、愤怒、悲伤，还有更多更多。您将会学习到一些简单易行的步骤，让您可以改变人生，让人生不再有压力，充满快乐与健康。

当您进入罗伊·马丁纳博士的中文网站 www.roymartina.cn.com 时，您将会收到这些免费的礼物，您也会得知他在中国有哪些书出版、他以及他的顶尖训练师何时会来到中国开设工作坊或讲座等消息。不久的将来，他的儿子乔依·马丁纳将会来到中国，针对年轻朋友开设工作坊，教导他们如何发挥自己的力量。

不要再等待了，现在就进入网站，获取您的免费礼物并认识这位畅销书作者、训练师、医师和先锋——罗伊·马丁纳博士吧！